U0332290

长寿沙拉

[日]白泽卓二 著

安忆 译

天津出版传媒集团

天津科学技术出版社

天津市版权登记号：图字02-2022-297号

图书在版编目（CIP）数据

长寿沙拉 / （日）白泽卓二著 ; 安忆译 . -- 天津 :
天津科学技术出版社 , 2023.3(2024.1 重印)
　　ISBN 978-7-5742-0771-4

　　Ⅰ . ①长… Ⅱ . ①白… ②安… Ⅲ . ①沙拉－菜谱
Ⅳ . ① TS972.118

　　中国国家版本馆 CIP 数据核字 (2023) 第 020880 号

长寿沙拉
CHANGSHOU SHALA
责任编辑：张建锋
责任印制：兰　毅

出　　版：天津出版传媒集团
　　　　　天津科学技术出版社
地　　址：天津市西康路35号
邮　　编：300051
电　　话：(022)23332400（编辑部）　 23332393（发行科）
网　　址：www. tjkjcbs. com. cn
发　　行：新华书店经销
印　　刷：天津联城印刷有限公司

开本 710×1 000　1/16　印张 8.25　字数 100 000
2024年1月第1版第2次印刷
定价：58.00元

前 言

白泽卓二
（医学博士、分子遗传学专家）

我们的目标是高质量的长寿生活，这与大脑的健康息息相关

我在二十多岁的时候专攻免疫学，后来将学术方向转为认知障碍[1]的研究。当时，我满心只有一个念头，那就是究竟如何才能治愈认知障碍。然而，我的一些个人经历让我改变了想法。我意识到——相较于治疗，预防其实更重要。从此，我开始研究如何才能健康地老去，拥有一个健康的长寿生活。

我有一位同学专门研究胰腺癌。他虽然是治疗胰腺癌的专家，可令人唏嘘的是，他本人却罹患了胰腺癌，而这一疾病最终夺去了他的生命。差不多在相同时间，我的另一位朋友——一位研究卵巢癌的女性，也因罹患卵巢癌而不幸离世。对于昔日好友的离开，我感到万分痛心的同时，又很不甘心，一直认为都是因为他们一心扑在患者身上，才没能察觉到自己患病的征兆。那时，我的脑海中闪现了一个想

---

[1] 认知障碍指出现以知觉、注意、记忆、计算、思维、解决问题以及语言等方面能力障碍为主要表现的高级脑功能障碍。

法："如果对健康长寿的人群展开研究，是否就能发现保持健康长寿的秘密呢？"

延缓衰老对于预防认知障碍至关重要，而日常饮食是延缓衰老的关键

二十多年前，还几乎没有学者着眼于增进健康、预防疾病方面的研究，因为那时的主流认知是医学就是研究疾病本身。可我认为，既然衰老是认知障碍最大的发病原因，那么只要能延缓衰老，就有可能预防或减少认知障碍的发病，而日常饮食又是延缓衰老的关键。

假设人类的寿命为120岁，如果能将其延长至150岁，那么现如今在70岁以上人群中大量发病的认知障碍，是否就能延缓至100岁后才发病呢？事实上，在100岁之前，人因认知障碍以外的原因死亡的可能性更高。如此一来，认知障碍岂不就难以构成威胁了吗？换言之，延长寿命，就能解决这一难题。

进入21世纪以后，大量研究结果得以发表。现在，"认知障碍重在预防"已经成为大众的主流认知。如果保持健康长寿就能减少认知障碍，那么为了身体健康，我们需要做些什么呢？本书梳理了通过饮食延长寿命的要点和具体的方法，接下来为大家详细解说。

我选择每天吃沙拉的理由

为了延缓衰老、预防认知障碍，我们究竟应该如何安排饮食呢？以下这几方面是关键：充分摄入能辅助认知功能的营养素，改善肠道环境，提高免疫力，重视打造不易生病的身体，摄入抗氧化物质保护身体免受加速衰老的活性氧的攻击等。

在提升认知功能方面，一种名为LPS（脂多糖）的物质备受关注。此外，B族维生素、维生素D、维生素K₂也广受推崇。这些营养素有的能减少削弱认知功能的物质，有的则能增加长寿基因。

肠道中存活着诸多免疫细胞。在保持肠道健康方面，膳食纤维发挥着巨大的作用。抗氧化物质可以延缓细胞衰老，主要成分有果蔬中的色素成分（花青素、β-胡萝卜素等）、维生素C和维生素E等。

高效摄入上述营养素的捷径是吃足量的蔬菜。我认为，每天充分摄入蔬菜有助于延缓衰老、预防认知障碍，因此亲自实践了一番。

紫甘蓝黄瓜
洋葱沙拉　　蜜瓜

腌菜
(腌胡萝卜、米糠
腌黄瓜、牛蒡)

红茶

法式凉拌　煎青花鱼　西蓝花花椰　小番茄　红薯沙拉　花式豆腐汤
胡萝卜丝　　　　　　菜芝麻沙拉　(红、黄)

※ 做法请参考第005~006页。

白泽医生的餐桌——某日早餐

早餐用到大量食材，可以美美地饱餐一顿。我没有吃米饭，不过早餐分量十足，吃起来令人十分满足。

此外，我非常喜欢用日本本地产的黑豆做成的纳豆，每天都会吃。

午餐我会吃一些坚果搭配淋了蜂蜜的原味酸奶，晚餐则吃一些芝士，饮食安排相对简单。

过去，我不吃早餐，主要通过午餐摄入营养。相比以往，现在我的身体感觉更舒畅。

调味尽可能清淡，享受食材本身的味道

沙拉拼盘

食材（便于制作的分量）

- 小番茄（红、黄）
- 腌菜（腌胡萝卜、米糠腌黄瓜、牛蒡）
- 蜜瓜

煎青花鱼

青花鱼1/2片（50 g），撒入少许盐，两面煎至微微焦黄。

紫甘蓝黄瓜洋葱沙拉

紫甘蓝1/8颗（100 g）、洋葱1/2颗（100 g）分别切成小丁。黄瓜1根（100 g），切成1 cm宽扇形片。食材全部放入大碗中，加入橄榄油2大勺、盐1/2小勺，胡椒粉少许后，搅拌，最后加入煮银杏10粒拌匀。

红薯沙拉

红薯1/2个（150 g），带皮切2 cm宽的半圆片。用水冲洗后码入耐热容器中，松松地盖上一层保鲜膜，用微波炉加热3分钟。放凉后晾干水分，用叉子捣散。加入葡萄干30 g、蛋黄酱2大勺拌匀。

法式凉拌胡萝卜丝

胡萝卜1根（200 g），切丝装入大碗中，撒入盐1/2小勺、胡椒粉少许，拌匀。

西蓝花花椰菜芝麻沙拉

西蓝花1/4颗、花椰菜1/4颗（合计约150 g）分别分成小朵。冲洗后码入耐热容器中，松松地盖上一层保鲜膜，用微波炉加热2分30秒。盛入沥水篮中放凉。装盘撒入少许白芝麻碎。

花式豆腐汤
（2人份）

做法

1 金针菇、蟹味菇共100 g，切成2 cm长的小段。香菇2朵（30 g），去蒂切片。平底锅中加入1/2大勺橄榄油，开中火烧热，加入所有菌菇翻炒3分钟。撒入1/4小勺盐调味。

2 豆腐1块，切成适口大小的块状。大葱1段（10 cm长），斜刀切片。锅中加入适量高汤，放入豆腐与大葱，开中火煮5分钟。

3 将**2**盛入碗中，码上**1**，香葱切葱花，撒入点缀。

长寿沙拉的四大特点

1

蔬菜带皮吃，短时间快速加热

　　具有预防认知障碍功效的"免疫维生素"LPS来自土壤中的细菌。这一成分大量存在于蔬菜的外皮与根须上，因此蔬菜应尽可能带皮、带根吃。蔬菜用水冲洗时可充分清洁，不过切开后再泡水就需要注意控制时间。LPS不耐热，加热蔬菜也应尽可能缩短时间。沙拉中会使用大量生食蔬菜，最适合用于补充LPS。

2

搭配优质蛋白质，饱腹感满满

　　随着年龄的增长，人们往往容易出现蛋白质摄入不足的问题。蔬菜沙拉搭配能够提供蛋白质的食材，不仅分量更足可作为主菜，而且搭配着吃更加美味。除了畜禽肉类与鱼类，巧用方便食用的豆腐和罐头食材也能做出美味的沙拉。日常饮食中，吃畜禽肉类与鱼类的主菜时，也请一定要搭配一份沙拉。

3

从五彩缤纷的蔬菜与水果中摄取抗氧化物质和膳食纤维

有着强大抗氧化作用的植物化学物质（也称"植化素"）是蔬菜色泽与香味的来源。日常生活中，有意识地摄入番茄、彩椒、紫甘蓝、牛蒡、白萝卜等各种颜色的蔬菜，即便记不住每一种蔬菜的功效，也能自然而然地补充抗氧化物质与膳食纤维。餐桌看起来赏心悦目，心情也随之变得轻松愉快。这也是提高免疫力必不可少的一环。另外，富含维生素C的时令水果也具有抗氧化作用。吃沙拉能通过饮食轻松而毫不浪费地摄入这些营养素。

4

充分咀嚼，调味也要花心思

充分咀嚼对于实现高质量的长寿生活有着多重益处。咀嚼不仅能促进食物的消化吸收，调理肠胃，还可以激活大脑细胞。咀嚼后分泌的唾液成分还有预防癌症的功效。根茎类蔬菜富含LPS，稍稍加热后口感更佳，吃起来更美味。以绿叶蔬菜为主的沙拉则可搭配坚果或煮熟的谷物，这样不仅口感更丰富，还能提升保健功效。同时，这也是让沙拉吃起来更美味的诀窍。

目 录

第1章　抗衰老专家每天必吃的　长寿沙拉

第 2 章　提高免疫力的 长寿沙拉

第 3 章　让大脑与身体延缓衰老的 长寿沙拉

第4章　改善肠道环境的 长寿沙拉

不要忘记摄入蛋白质！
请在冰箱冷藏室中常备

1 纳豆

增加长寿基因，打造健康身休的万能型选手

　　纳豆富含维生素K_2，这是一种能有效预防骨质疏松的成分。不仅如此，纳豆还能预防动脉硬化，具有增加长寿基因——脂联素等的功效。其他食品中也含有维生素K_2，但含量无法与纳豆相媲美。同时，纳豆作为一种发酵食物，还能改善肠道环境。建议每天吃一次纳豆。

2 猪肉

清除阻碍认知功能的物质

　　猪肉富含B族维生素，这种成分具有抑制同型半胱氨酸的作用，而同型半胱氨酸是一种会削弱认知功能的物质。B族维生素为可溶性维生素，无法在体内储存，需要每天补充。尤其是喜爱饮酒或吃方便速食的人，对B族维生素的消耗量更大，容易出现缺乏这一营养素的情况。请积极补充B族维生素吧！

3 三文鱼

富含构成脑细胞突触的维生素D

　　三文鱼富含维生素D。这种营养素可以强健骨骼，预防骨质疏松。此外，突触与脑细胞之间的信息传导息息相关，而维生素D可用于构成突触。三文鱼还富含优质蛋白质，以及具有较强抗氧化作用的植化素——虾青素。

第1章

抗衰老专家每天必吃的

长寿沙拉

想要健康长寿，不患认知障碍

就要提高免疫力，远离疾病

我在前文中讲到，健康地延长寿命可以降低认知障碍的发病率。为了健康长寿，保持身体的年轻态，尽可能避免生病十分重要。

我们的身体具备一种名为"免疫"的机制，能抵御病毒感染等各类疾病，保护身体健康。在这一过程中，免疫细胞之一的巨噬细胞[1]发挥着重要作用。只要巨噬细胞能与其他免疫细胞一起正常发挥其功能，就能打造不易患病的身体。

巨噬细胞遍布全身，在不同的器官中发挥着不同的作用。例如，它能保持大脑的正常活动，预防阿尔茨海默病，还能作用于肠道，促进肠道蠕动等。此外，巨噬细胞之间还能互通信息，相互配合作用于全身。

---

1 巨噬细胞的主要功能是以固定细胞或游离细胞的形式对细胞残片及病原体进行吞噬作用，并激活淋巴细胞和其他免疫细胞，令其对病原体作出反应。巨噬细胞具有多种功能，是研究细胞吞噬、细胞免疫和分子免疫学的重要对象。

巨噬细胞的主要功能

1. 吞噬衰老死亡的机体细胞。

2. 吞噬异物和代谢废物。

3. 吞噬细菌、病毒等病原体。

4. 作用于人体器官,维持组织稳态。

我在身体各处保护着身体!

大脑与肠道尤为重要,我会全力以赴!

巨噬细胞

巨噬细胞的正常运作有助于保持组织稳态,维持身体健康。

我们互相帮助,共同维持全身的平衡!

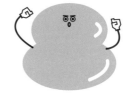

摄入让免疫细胞保持活跃的免疫维生素

　　免疫细胞中的巨噬细胞有一个弱点，那就是对精神压力的耐受性较弱。而LPS（脂多糖）正好能帮助它弥补这块短板。LPS又被称为免疫维生素，是一种能够激活巨噬细胞的物质。LPS大量存在于土壤中的细菌细胞内，因此，从土壤菌群平衡的田地里种出的农作物富含LPS。积极摄入LPS对预防疾病，保持健康长寿十分重要。

　　LPS不仅能激活巨噬细胞，还能直接进入大脑，刺激大脑中的大胶质细胞。大胶质细胞能吞噬诱发认知障碍的物质——β-淀粉样蛋白。大胶质细胞无法正常发挥作用，会引发β-淀粉样蛋白的沉积，增加认知障碍的发病风险。因为上述功效，LPS目前备受医学界的关注。

免疫维生素LPS的主要功能

LPS

在蔬菜和谷物中的含量较高，是一种细菌的成分。其激活并作用于巨噬细胞的效果引人注目。

有了LPS的帮助

手拉手！

巨噬细胞变得
活力十足！

关键词是免疫力、抗氧化和肠道环境

①经研究证明可有效预防认知障碍

能提高免疫力的食物与烹饪技巧

　　LPS因具有提高免疫力、预防认知障碍的功效而备受瞩目。这是一种主要存在于土壤中的细菌的成分，生长在土壤中的根茎类蔬菜和海藻等食物富含这种物质。人体无法自行合成LPS，必须通过饮食进行补充。LPS还具有改善肠道环境、预防生活方式病和延缓衰老等多重功效。

有意识地选购带泥蔬菜，带皮享用

　　LPS存在于土壤中的细菌，通过自然土壤栽培的农作物富含LPS。其中，最推荐选择无农药或少农药方式种出的带泥蔬菜。此外，LPS还大量存在于蔬果的表皮，可食用的蔬果外皮应尽量保留，带皮烹饪享用更健康！

秘诀是避免过度加热，不长时间泡水

　　LPS不耐热，烹调时不建议长时间炖煮，或用烤箱高温烤制。而且LPS还具有易溶于水的特性，所以请勿将蔬菜长时间浸泡在水中。可生食的蔬菜尽可能生食。即便加热，也推荐采用快炒或快速汆烫等方式。吃沙拉可以高效而美味地享用富含LPS的食材。

能提高免疫力的食物

菠菜

有一定涩味，可以快速氽烫后再烹调，但不要长时间浸泡在水中。接近根部的红色部分富含LPS，请充分洗净后一起吃吧。另外，特别推荐尝试涩味较轻、可以生食的嫩叶菠菜。

莲藕

莲藕中的LPS含量尤为丰富。为了更有效地摄入LPS，请带皮烹调。莲藕需要加热后再吃，用于沙拉时可以切成薄片。这样稍加氽烫就可以吃了。

秋葵

不仅富含LPS，还含有大量的β-胡萝卜素和膳食纤维，是一种非常有益健康的蔬菜。想高效地通过秋葵摄入LPS，最佳享用方法是直接切碎生食。秋葵中钙与镁等矿物质的含量也很丰富。

青椒、尖椒

青椒和尖椒可以生食，是适合做成沙拉享用的食材。与油脂一同摄入，还能提升其中丰富的β-胡萝卜素的吸收率。推荐淋上一些沙拉汁凉拌或用油快炒。

黄瓜

黄瓜非常适合做成沙拉。切成薄片或小条，口感千变万化，每天吃也不会吃腻。为补充LPS，推荐在家中常备。

小松菜

常见的做法是水煮或清炒。其实小松菜涩味较轻，生食也很美味。为了减少LPS在烹饪中的流失，请做成沙拉生吃吧。如果熟食，可以用热水快速氽烫处理。

海藻类

　　裙带菜、裙带菜梗、海苔、羊栖菜等海藻类也是非常推荐的食材。如果购买干货，请选择自然晒干的产品，LPS的流失更少。海苔很适合最后放在沙拉上作为点缀，提升风味。海藻类富含膳食纤维，能进一步提高免疫力。

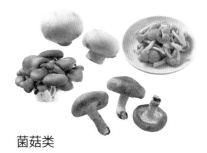

菌菇类

　　菌菇是富含LPS的食材，其中平菇的LPS含量尤为丰富。滑子菇、香菇和口蘑中LPS的含量也较高。菌菇类还富含β-葡聚糖，这也是一种能提高免疫力的成分。建议在日常饮食中积极摄入菌菇类食物。

杂粮谷物片

　　吃精白米以及经过精制加工的小麦难以获得LPS。想要提高免疫力，请选择LPS更为丰富的糙米、杂粮和全麦面粉等谷物。最方便的是吃杂粮谷物片。这种食物中膳食纤维的含量尤为丰富，有助于改善肠道环境。

毛豆、甜豌豆

　　豆类富含LPS，其中豆荚也可食用的甜豌豆尤其推荐。毛豆在吃时可以连着豆荚整个入口，不仅能享用豆子的美味，还能同时摄入附在豆荚上的LPS。稍稍加热就能吃的嫩豌豆荚也是高效摄入LPS的好帮手。

苹果

　　水果中也含有LPS，推荐苹果、梨、无花果和桃等。苹果可以带皮吃，加入沙拉中也很美味，想要补充LPS，不妨多吃苹果。

种子、坚果类

　　可以带皮吃的种子、坚果类食物含有大量的LPS。家中常备核桃、芝麻，可以在沙拉装盘时撒一些作为点缀，十分便利。这类食物还富含具有较强抗氧化作用的维生素E，是延缓衰老的推荐食材。

②对保持年轻、预防癌症也有效

有较强抗氧化作用的食物与烹饪技巧

关注蔬菜、水果的色泽与香味成分

引发身体加速衰老、免疫力低下的元凶是活性氧。要想抵御活性氧造成的伤害，保护我们的身体，植物所含有的天然抗氧化成分——植化素至关重要。大家耳熟能详的β-胡萝卜素、番茄红素、花青素等都是植化素。植化素是植物为了保护自身细胞、抵御外敌所产生的物质，也是构成植物色、香、辛、苦等风味的成分。

这些成分也能有效地保护人体，具有延缓衰老、预防癌症、提高免疫力等多重功效。植化素大多存在于植物中，因此，摄入足量的蔬菜、水果有助于帮助身体抵御活性氧的攻击。

食材选择少量多样，全面补充营养

研究表明，植化素多达一万余种。它们的功效各不相同。换言之，摄入植化素时，不能只吃一种蔬菜或水果。通过食用多种蔬果摄入各种不同的植化素十分关键。此外，维生素C与维生素E也具有很强的抗氧化作用，均衡摄入各种色彩的蔬果，能提高身体的综合抗氧化能力，是打造不易生病的年轻身体的捷径。

时令蔬菜效果更突出

植化素在时令蔬菜中的含量尤为可观。有意识地选择当季蔬果也很重要。烹饪时与处理LPS同理，应尽量带皮食用。还有别忘了，加热和泡水都要注意控制时间，煮久了就连汤一起喝掉！

有较强抗氧化作用的食物

西蓝花

含有异硫氰酸酯、叶黄素、叶绿素等抗氧化物质。为了减少维生素C在烹饪过程中的流失，相较于氽烫，更推荐使用微波炉加热。如果想要充分发挥β-胡萝卜素的作用，吃的时候可搭配一些优质油脂。

卷心菜、紫甘蓝

卷心菜（结球甘蓝）与紫甘蓝中含有异硫氰酸酯。这一成分因具有预防癌症的功效而备受瞩目。紫甘蓝不仅富含花青素，生吃还能补充大量维生素C。

土豆

土豆（马铃薯）带皮烹调，可以补充抗氧化物质绿原酸。土豆的维生素C含量十分丰富，而且它所含的维生素C经过加热也不容易遭到破坏，吃土豆能高效补充维生素C。

彩椒

彩椒富含β-胡萝卜素、维生素C和维生素E等抗氧化物质。红彩椒中还含有辣椒红素。相比青椒，彩椒苦味较轻，甜味更足，还能为沙拉带来鲜亮的色彩。

大蒜

大蒜的气味成分是具有较强抗氧化作用的烯丙基化硫。这种成分具有挥发性，因此大蒜切开后应尽快食用。烯丙基化硫能提升与能量代谢息息相关的维生素B_1的功效，有助于消除疲劳。

白洋葱、紫洋葱

富含黄酮类化合物、烯丙基化硫等多种抗氧化成分。其中的辣味成分烯丙基化硫不耐热，推荐生食。如果泡水也请尽可能缩短时间。紫洋葱的色素成分花青素也具有较强的抗氧化作用。

蓝莓

富含花青素，可有效改善用眼疲劳。同时含具有抗氧化作用的维生素E与能调理肠道环境的膳食纤维。除了新鲜蓝莓，也能买到冷冻蓝莓，后者更加经济实惠。

白萝卜

辣味成分异硫氰酸酯具有很强的抗氧化作用。此外白萝卜还含有淀粉酶、脂肪酶、蛋白酶等生物酶，很适合在肠胃虚弱时吃。白萝卜可以生食，是一种适合做成沙拉的蔬菜。

柑橘类

橙子、西柚等柑橘类水果富含抗氧化作用非常强大的维生素C。芳香成分柠檬烯不仅具有舒缓情绪的作用，还有促进血液循环的功效。

番茄、小番茄

番茄的红色源自色素成分番茄红素，它还富含维生素C，抗氧化作用非常强大。此外，番茄中能调理肠道环境的膳食纤维含量也十分丰富。烹饪时搭配油脂，能提高番茄红素的吸收率。

猕猴桃

同时含有维生素C和维生素E，有着双重抗氧化的作用。黄肉猕猴桃维生素C含量更高。猕猴桃还含有膳食纤维，能调理肠道环境，酸味则源自柠檬酸和苹果酸，有助于消除疲劳。

茄子

茄子的外皮中含有色素成分茄色苷，具有降低胆固醇的功效，可以预防心血管疾病。涩味来自抗氧化成分绿原酸。如果烹调时要泡水，请尽可能控制时间，防止营养成分流失。

③身心健康的基础

能改善肠道环境的食物与烹饪技巧

提高免疫力从肠道健康开始

想要增强免疫力，肠道的健康也十分关键。这是因为约有70%的免疫细胞都生活在肠道中。肠道健康，代谢废物就不容易堆积在体内，才能顺利排出。肠道内的细菌平衡，也就是益生菌处于优势地位，才能提高免疫力。膳食纤维在调理肠道环境方面至关重要。请在每天的饮食中积极摄入膳食纤维吧！

膳食纤维有可溶性与不可溶性之分。两者对身体起着不同的促进作用，均衡摄入非常重要。膳食纤维在根茎类蔬菜、菌菇类、海藻类等食材中含量较高，这些食材同时也富含LPS。

亚洲人的肠胃更适应植物性发酵食品

除了膳食纤维，发酵食品也能调理肠道环境。纳豆、芝士、酸奶都是发酵食品，腌菜、味噌、醋等也都是发酵食品。植物性的发酵食品中富含益生菌——乳酸菌。亚洲人的餐桌上常见这类发酵食品，这类菌种也更适合亚洲人的肠道，能在肠道中发挥更好的功效。在沙拉汁、沙拉食材、点缀配菜中巧用发酵食品，不仅能更好地与菜肴搭配，也更便于在日常生活中坚持摄入益生菌，值得推荐。另外，还可同时摄入益生菌的食物——寡糖。大豆、洋葱、牛蒡、卷心菜和香蕉等身边的常见食材就富含寡糖，请有意识地吃起来吧！

肠道变健康之后，不仅能增强免疫力，还能预防和改善肥胖、糖尿病等生活方式病。今天起，每天来一份沙拉，一起打造不易生病的健康身体吧！

能改善肠道环境的食物

山药

　　山药含有抗性淀粉，这种物质的功效类似膳食纤维。此外，山药中的精氨酸有助于消除疲劳，自古就因其滋补强壮的功效而备受瞩目。为了避免LPS流失，建议带皮一起烹饪吧。

牛油果

　　除了膳食纤维，牛油果还富含具有强大抗氧化作用的维生素E。牛油果中的脂肪是与DHA、EPA同属不饱和脂肪酸的α-亚麻酸，具有降低胆固醇和甘油三酯的功效。

红薯

　　红薯（甘薯）含有能促进肠道蠕动作用的紫茉莉苷和益生菌的食物——寡糖。其中的维生素C经过加热也不容易被分解破坏，是优质的维生素C供应源。带皮一起吃还能补充LPS。

牛蒡

　　富含膳食纤维的代表蔬菜。外皮中含有绿原酸，具有抗氧化的作用。清洗时用棕毛刷轻轻刷洗即可。切成薄片后要控制加热时间，这样能减少LPS的流失。

海苔

　　海苔不仅富含LPS，还含有膳食纤维与β-胡萝卜素。想要提高免疫力，不妨积极摄入海苔。海苔只要注意隔绝湿气就能储存很长时间。除了撕碎使用，海苔还可以拿来卷寿司，用途广泛，适合家中常备。

王菜

　　不仅富含膳食纤维，还含有抗氧化作用强大的β-胡萝卜素、维生素C、维生素E，以及有助于预防骨质疏松的钙和维生素K等。这种蔬菜含有大量帮助身体保持年轻与健康的营养物质。

纳豆

　　纳豆含有大量有益身体健康的成分，是超级长寿食物。富含膳食纤维、寡糖、具有抗氧化作用的维生素E与能预防骨质疏松的大豆异黄酮。其中的维生素K_2还能增加长寿基因。

大豆、豆渣

　　大豆不仅含有能调理肠道的膳食纤维，还有寡糖、有较强抗氧化作用的皂苷以及能预防骨质疏松的大豆异黄酮。豆渣含有丰富的膳食纤维，与油脂搭配，非常适合拌在沙拉中。

芝士

　　芝士推荐选择未经加热处理的天然芝士。其中所含的蛋白质"乳铁蛋白"因具有抗菌、抗病毒的功效而备受关注。芝士可最后撒入作为点缀，也可加入沙拉汁中，是便于做成沙拉的食材。

大麦

　　大麦兼具可溶性膳食纤维与不可溶性膳食纤维。可溶性膳食纤维β-葡聚糖能提高免疫力，预防癌症。大麦煮熟后口感弹糯，十分可口。

腌菜

　　辣白菜、米糠腌菜、腌黄萝卜、柴渍①等腌菜类食物也都是发酵食品。请选择乳酸发酵的产品，植物性的发酵食品在抵达肠道后仍能保持活性，请一定要尝试一下。

味噌、酱油、醋

　　这几种调料都是发酵食品。其中，醋有着增加短链脂肪酸的作用，推荐日常坚持摄入。吃沙拉就能轻松做到每天摄入一些醋。

注：①柴渍是茄子片加紫苏盐渍的，已被列为京都三大腌菜之一。

让沙拉瞬间美味升级的小窍门

只是把蔬菜切一切，就能做成一份沙拉。
不过，为了让沙拉更加美味，处理蔬菜时有几个小窍门。
这些窍门操作起来都非常简单，请一定要试试看！

泡冷水令蔬菜更爽脆

生菜（莴苣）、卷心菜等叶菜，请在冷水中稍作浸泡，待变得爽脆后再做调味。浸泡的过程中，水分渗入蔬菜细胞内部，可以让蔬菜更加水润而饱满，口感更爽脆。不过需要注意的是，如果将蔬菜切开后再泡水，蔬菜中的水溶性维生素会从切口处流失，因此请一定要在切菜前浸泡。同时，也不建议长时间泡在水中。除了拌沙拉，在热炒等加热烹调前将蔬菜浸泡在冷水中，也能改善蔬菜的口感，让成菜更加美味。

浸泡时间控制在10~15分钟即可。软蔫的蔬菜会快速恢复，变得水嫩舒展。

充分沥干水分

蔬菜上带有多余的水分，会稀释美味的沙拉汁，从而不得不加入更多调味料，导致摄入的热量增加。为此，拌沙拉的蔬菜一定要充分沥干水分。可以将蔬菜放进沥水筐中，在筐上扣一个大小适宜的碗，上下晃动甩干水分。番茄和黄瓜等蔬菜也请彻底擦干后再切小块。此外，市面上还有处理沙拉蔬菜专用的小工具——沙拉脱水器，能非常轻松、快速地去除多余水分。

这就是沙拉脱水器。内侧的沥水篮可以转动，利用离心力脱水。外层的容器还能作为蔬菜泡水的容器使用。

盖上盖子，有的产品按动中间的按钮，内侧沥水篮就会转动。有的则需要转动把手。

只需片刻，多余的水就会被甩干，沙拉汁能更均匀地淋在蔬菜上，做出一份美味的蔬菜沙拉。

先淋入油拌匀

拌叶菜时如果先加入盐，菜叶会因水分析出而变软，做成的沙拉容易流出许多汁水。推荐先淋入油拌匀。相反，胡萝卜、白萝卜等希望事先除去一部分水分让其变软的蔬菜，可以先拌入盐，出水后拧去一些汁水，再淋入油。

先淋上一层油。这样做能保持蔬菜的水分，沙拉汁不容易被稀释，沙拉能长时间保持爽脆的口感。

每天吃增强脑力!
预制长寿沙拉常备菜

想要通过饮食保持健康长寿,吃得满足并长期坚持十分重要。
常备一些预制的小菜,能更轻松、高效地打造健康的体魄。
本篇将介绍3款可以在冰箱中冷藏存放1周的常备菜食谱。
直接享用就很美味,还有能轻松变换风味的升级小食谱,可以随心选择。

卷心菜中的异硫氰酸酯可以预防癌症,
搭配醋一起吃进一步提高"长寿力"

醋腌卷心菜

材料(便于制作的分量)

卷心菜⋯⋯⋯⋯⋯ 1/4颗(300 g)

盐⋯⋯⋯⋯⋯⋯⋯⋯⋯ 1小勺

白醋 ⋯⋯⋯⋯⋯⋯⋯⋯ 1/2杯

做法

1 卷心菜切成丝。

2 装入保鲜袋中,加入盐和醋混合均匀,排出多余空气后密封。在冰箱冷藏室中腌制一整晚。

热量	393 kJ
蛋白质	4.0 g
含糖量	12.6 g
盐分	4.9 g

醋腌卷心菜

口味升级版

※以下均为1人份

热量

50 kJ

蛋白质

1.0 g

含糖量

1.4 g

盐分

0.5 g

添加膳食纤维、LPS

海苔卷心菜

　　取第20页介绍的醋腌卷心菜30 g，加入1/2片撕碎的烤海苔。

热量

96 kJ

蛋白质

3.2 g

含糖量

1.3 g

盐分

1.0 g

添加蛋白质、钙

小银鱼卷心菜

　　取第20页介绍的醋腌卷心菜30 g，加入小银鱼干2大勺。

热量

46 kJ

蛋白质

0.7 g

含糖量

1.3 g

盐分

0.8 g

添加膳食纤维、LPS

裙带菜卷心菜

　　取第20页介绍的醋腌卷心菜30 g，加入用水泡发的裙带菜碎(干)1/2大勺。

热量

180 kJ

蛋白质

4.1 g

含糖量

5.6 g

盐分

0.6 g

添加蛋白质

竹轮卷心菜

　　取第20页介绍的醋腌卷心菜30 g，加入切成片的竹轮(1根)拌匀。

抗衰老专家每天必吃的长寿沙拉

紫洋葱在醋的作用下呈现鲜艳的色泽，
降低血液黏稠度，促进代谢

甜醋腌洋葱

材料（便于制作的分量）

紫洋葱*················ 1颗 (200 g)

A
白醋 ··················· 1/2杯
白砂糖 ················· 1大勺
盐 ····················· 1/2小勺

*也可使用白洋葱制作

做法

1 洋葱纵向对半切开，顺着
  纹理纵向切丝。

2 装入保鲜袋中，加入混合
  后的A揉捏，排出多余空
  气后密封。在冰箱冷藏室
  中腌制一晚。

热量	569 kJ
蛋白质	1.9 g
含糖量	25.9 g
盐分	2.4 g

热量
243 kJ

蛋白质
2.0 g

含糖量
9.7 g

盐分
0.8 g

添加β-胡萝卜素
甜醋腌洋葱拌胡萝卜

将1/3根胡萝卜(50 g)切丝,加入少许盐拌匀,揉捏至变软后挤出汁水。取第22页介绍的甜醋腌洋葱1/4份拌匀。根据个人喜好撒入少量木鱼花。

热量
172 kJ

蛋白质
1.1 g

含糖量
7.0 g

盐分
0.8 g

添加膳食纤维、β-胡萝卜素
甜醋腌洋葱京水菜沙拉

取第22页介绍的甜醋腌洋葱的1/4份,与切成4 cm长的京水菜段(30 g)拌匀。根据个人喜好淋入少许橄榄油。

热量
155 kJ

蛋白质
0.7 g

含糖量
6.7 g

盐分
1.1 g

添加膳食纤维、LPS
甜醋腌洋葱拌海带

取第22页介绍的甜醋腌洋葱的1/4份,加入海带丝3 g拌匀,待海带入味即可。

热量
352 kJ

蛋白质
11.3 g

含糖量
6.5 g

盐分
1.1 g

添加蛋白质
甜醋腌洋葱章鱼沙拉

50 g水煮章鱼切片,码入第22页介绍的甜醋腌洋葱1/4份。

抗衰老专家每天必吃的长寿沙拉

补充膳食纤维、LPS和β-葡聚糖，
大幅提高免疫力

咸鲜菌菇

材料（便于制作的分量）

平菇、金针菇、香菇*
······················共300 g
盐···················· 1小勺
*也可使用其他喜欢的菌菇

做法

1　菌菇分别切成适口大小。

2　将菌菇码入耐热容器中，
　　松松地盖上一层保鲜膜，
　　用微波炉加热4分钟。撒
　　入盐拌匀。

热量	255 kJ
蛋白质	9.0 g
含糖量	8.8 g
盐分	4.8 g

咸鲜菌菇

口味升级版

※以下均为1人份

热量
276 kJ

蛋白质
6.5 g

含糖量
3.7 g

盐分
1.5 g

添加发酵食品
菌菇拌纳豆

1/2盒纳豆（25 g）中加入1/4小勺酱油拌匀，浇在第24页介绍的咸鲜菌菇（1/4份）上。

热量
88 kJ

蛋白质
2.4 g

含糖量
3.0 g

盐分
1.3 g

添加酵素
菌菇佐白萝卜泥

取第24页介绍的咸鲜菌菇1/4份，在上面加入白萝卜泥30 g。

热量
260 kJ

蛋白质
2.7 g

含糖量
3.5 g

盐分
1.3 g

添加膳食纤维
菌菇沙拉

生菜（80 g）撕成适口小片，码入第24页介绍的咸鲜菌菇1/4份。根据个人喜好淋入少许芝麻油。

热量
297 kJ

蛋白质
7.2 g

含糖量
3.9 g

盐分
1.3 g

添加蛋白质
菌菇凉拌豆腐

取1/3块豆腐，码入第24页介绍的咸鲜菌菇1/4份。

抗衰老专家每天必吃的长寿沙拉

让蔬菜更美味的
长寿沙拉汁

简单自制!

热量
2 223 kJ
蛋白质
1.7 g
含糖量
18.6 g
盐分
3.3 g

含有大量能降低血液黏稠度的成分
洋葱泥沙拉汁

洋葱1/2颗(100 g)、大蒜1瓣擦泥,加入橄榄油4大勺、白醋1大勺、白砂糖1/2大勺、盐2/3小勺,混合均匀。

热量
1 980 kJ
蛋白质
0 g
含糖量
6.7 g
盐分
2.4 g

能与任何蔬菜搭配的质朴风味
黑椒法式沙拉汁

橄榄油4大勺、白醋2大勺、白砂糖2小勺、盐1/2小勺、黑胡椒碎少许,混合均匀。

热量
707 kJ
蛋白质
5.4 g
含糖量
7.1 g
盐分
2.3 g

膳食纤维、LPS含量丰富,鲜味十足
菌菇味噌沙拉汁

平菇、金针菇各50 g切碎,码入耐热容器中铺开,松松地盖上一层保鲜膜,用微波炉加热2分钟。加入味噌、白醋、橄榄油各1大勺,混合均匀。

热量
2 185 kJ
蛋白质
0.8 g
含糖量
16.2 g
盐分
3.4 g

增强抗氧化作用
胡萝卜泥沙拉汁

2/3根胡萝卜(100 g)、1片生姜擦泥,加入橄榄油4大勺、醋和白砂糖各1大勺、盐2/3小勺,混合均匀。

如果觉得每天做沙拉太麻烦，那我要郑重推荐一款"神器"。
这就是手工自制沙拉汁。只需舀一勺淋入，就能让普普通通的蔬菜
变身美味的沙拉。请尝试找到自己钟爱的口味吧！

热量
1 457 kJ

蛋白质
5.8 g

含糖量
3.9 g

盐分
2.2 g

适合各类叶菜的浓郁口味
凯撒沙拉汁

　　1/4瓣大蒜擦泥，加入蛋黄酱和
芝士粉各2大勺，再加入橄榄油1大勺、
白醋1/2大勺、白砂糖1/2小勺、盐
1/4小勺、黑胡椒碎少许，混合均匀。

热量
1 532 kJ

蛋白质
2.7 g

含糖量
3.4 g

盐分
1.1 g

除了蔬菜，与豆腐搭配也很出彩
泡菜海苔沙拉汁

　　50 g辣白菜切碎，1片烤海苔撕碎，
加入芝麻油3大勺、白醋1又1/2大勺，
混合均匀。

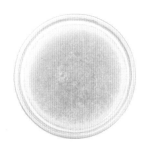

热量
2 043 kJ

蛋白质
0.9 g

含糖量
9.8 g

盐分
4.9 g

保健效果极佳的甜米酒口味柔和清甜
甜米酒沙拉汁

　　甜米酒1/4杯、橄榄油4大勺、白醋
1大勺、盐1小勺，混合均匀。

热量
1 151 kJ

蛋白质
1.6 g

含糖量
3.4 g

盐分
2.7 g

既能配沙拉，还能用作肉与蔬菜的酱汁
柴渍塔塔沙拉汁

　　将50 g柴渍腌菜切碎，加入蛋黄酱
3大勺、牛奶2小勺，混合均匀。

抗衰老专家每天必吃的长寿沙拉

本书的使用方法

食谱名、菜品风味与
制作方法等标记在此。

制作时大致所需的时间。食材的浸泡、放凉
等静置时间不计入制作时长。

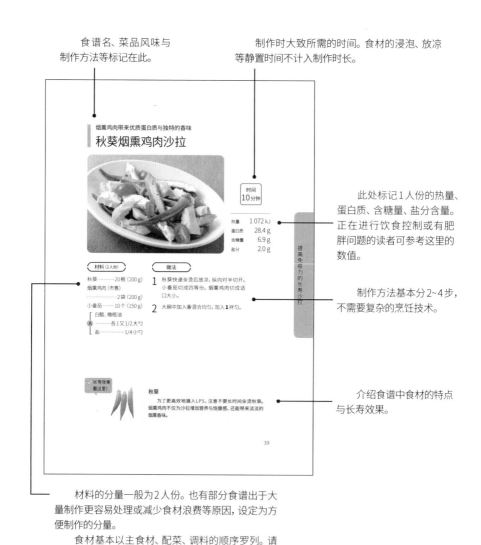

烟熏鸡肉肉带来优质蛋白质与独特的香味
秋葵烟熏鸡肉沙拉

时间
10分钟

热量	1 072 kJ
蛋白质	28.4 g
含糖量	6.9 g
盐分	2.0 g

提高免疫力的长寿沙拉

此处标记1人份的热量、
蛋白质、含糖量、盐分含量。
正在进行饮食控制或有肥
胖问题的读者可参考这里的
数值。

材料(2人份)

秋葵·······20根(200 g)
烟熏鸡肉(市售)
···········2袋(200 g)
小番茄·······10个(150 g)
A ┌ 白醋、橄榄油
  │ ······各1又1/2大勺
  └ 盐·······1/4小勺

做法

1 秋葵快速余烫后放凉,纵向对半切开。
小番茄切成四等分。烟熏鸡肉切成适
口大小。

2 大碗中加入A混合均匀,加入1拌匀。

制作方法基本分2~4步,
不需要复杂的烹饪技术。

长寿效果
看这里!

秋葵

为了更高效地摄入LPS,注意不要长时间余烫秋葵。
烟熏鸡肉不仅为沙拉增加营养与饱腹感,还能带来淡淡的
烟熏香味。

介绍食谱中食材的特点
与长寿效果。

39

材料的分量一般为2人份。也有部分食谱出于大
量制作更容易处理或减少食材浪费等原因,设定为方
便制作的分量。
　　食材基本以主食材、配菜、调料的顺序罗列。请
在采购时参考本栏。

● 1杯=200 ml,1大勺=15 ml,1小勺=5 ml。
● 未作特别说明时,省略洗菜、去皮等基本的食材处理步骤。
● 如需控制白砂糖的摄入,请使用甜米酒或甜酒曲代替白砂糖入菜。

第2章

提高免疫力的

长寿沙拉

口感爽脆！搭配温泉蛋

梅子风味莲藕涮猪肉片沙拉

材料 (2人份)

莲藕·····················200 g

猪里脊片 (涮锅用)

···························200 g

茼蒿·····················30 g

温泉蛋 (市售)··········1 个

日式梅干·········1 个 (20 g)

烤海苔·················1 大片

A ⌈ 酱油、橄榄油
   ⌊ ·············各1又1/2大勺

※ 温泉蛋可选择市售的，也可用溏心的水煮荷包蛋代替。

做法

1 莲藕带皮切成薄圆片，稍稍用水浸泡。茼蒿切成3 cm长的段。

2 锅中加入足量清水煮沸，加入白醋2小勺(未计入分量)。放入莲藕汆烫约1分钟后捞出沥水。接着加入猪里脊划散，关火，烫1分钟后捞出沥干。

3 日式梅干去核捣碎，海苔撕成小块。

4 在大碗中加入 A 混合均匀，加入 **2** 拌匀。

5 在盘中码入茼蒿，倒入 **3** 和 **4**，最后加入温泉蛋。

时间 15分钟

热量	1 976 kJ
蛋白质	26.7 g
含糖量	16.0 g
盐分	4.1 g

✓长寿效果看这里!

莲藕

　　莲藕带皮入菜可以充分摄入LPS。为了缩短加热时间，请尽可能地切薄片。海苔中也含有大量的LPS。再搭配富含β-胡萝卜素的茼蒿，进一步提升这道沙拉的抗氧化作用。

提高免疫力的长寿沙拉

大口享用微苦却清爽的青椒吧

青椒香肠那不勒斯风味沙拉

材料（2人份）

青椒··············4个（100 g）
维也纳小香肠
··················8根（160 g）
洋葱··········1/2颗（100 g）
卷心菜··········2片（100 g）
橄榄油·················1大勺
Ⓐ ┌ 番茄酱··········4大勺
 └ 伍斯特酱油·······1大勺
芝士粉、塔巴斯科辣椒酱
··························各适量

做法

1 青椒切成滚刀块，洋葱切成1 cm宽的半圆块，卷心菜切成丝。香肠斜刀对半切开。

2 平底锅中加入橄榄油，开中火烧热，放入青椒、洋葱、香肠翻炒约4分钟，加入Ⓐ后再翻炒30秒。

3 将卷心菜和**2**装盘后，加入芝士粉与塔巴斯科辣椒酱。

时间 10分钟	
热量	1 695 kJ
蛋白质	13.4 g
含糖量	19.2 g
盐分	3.3 g

✓长寿效果看这里！

青椒

　　想要高效补充LPS，最推荐生吃青椒。不过青椒有一定的苦味，加热后苦味可以减轻，体积也缩小，有助于轻轻松松地大量摄入。与之搭配的卷心菜富含具有预防癌症功效的异硫氰酸酯。

提高免疫力的长寿沙拉

昆布丝生菜金枪鱼沙拉

材料 (2人份)

昆布丝⋯⋯⋯⋯⋯⋯⋯ 2 g
生菜⋯⋯⋯⋯⋯1/2棵 (150 g)
金枪鱼⋯⋯⋯⋯1块 (150 g)

Ⓐ 酱油、味啉 (日式甜料酒)
⋯⋯⋯⋯各1又1/2大勺

Ⓑ 橄榄油⋯⋯⋯⋯⋯⋯1大勺
白醋⋯⋯⋯⋯⋯⋯⋯2小勺
青芥末酱⋯⋯⋯⋯1/2小勺

做法

1 生菜撕碎。金枪鱼切成薄片,加入混合均匀的Ⓐ,腌10分钟。

2 盘中依次码入生菜、沥干调味汁的金枪鱼,淋入混合均匀的Ⓑ。最后加入昆布丝。

时间 10分钟

热量	867 kJ
蛋白质	21.5 g
含糖量	9.5 g
盐分	2.2 g

✔长寿效果
看这里!

昆布丝

昆布丝多用于汤菜中,其实它与蔬菜搭配也很美味,非常适合最后加入沙拉作为点缀。这种食材可以长期储存,推荐在家中常备。金枪鱼含有抗氧化作用很强的矿物质——硒。

提高免疫力的长寿沙拉

搭配酸酸甜甜的浇汁，清爽开胃

辣椒烤三文鱼葡式风味沙拉

材料 (2人份)

辣椒…………10个 (50 g)
三文鱼………2块 (200 g)
洋葱……… 1/2颗 (100 g)
盐……………………少许
色拉油……………1大勺
面粉……………1大勺

Ⓐ
┌ 酱油、白砂糖
│ ………各1又1/2大勺
└ 白醋、水 ……各1大勺

做法

1 洋葱纵向切成丝，摊开让切口接触空气，晾15分钟。用竹签在辣椒上扎小孔。三文鱼切成三等份，撒入盐，裹上一层面粉。

2 平底锅中加入色拉油开中火烧热，加入三文鱼、辣椒煎2分钟。翻面后再煎1分钟，关火。趁热倒入Ⓐ，腌约10分钟。

3 盘中码入洋葱，将**2**连同腌汁一起装盘。

✓长寿效果
看这里！

辣椒

富含LPS的辣椒搭配含有虾青素、具有抗氧化作用的三文鱼。洋葱切开接触空气后，可以增强降低血液黏稠度的效果。

使用青花鱼罐头，只需拌匀即可的快手沙拉

小松菜青花鱼罐头沙拉

时间
5分钟

热量	1 126 kJ
蛋白质	16.4 g
含糖量	6.7 g
盐分	1.0 g

材料 (2人份)

小松菜……　 1把 (200 g)

青花鱼罐头（水浸）

…………………1罐 (180 g)

阳荷姜…………3个 (50 g)

A ┌ 橄榄油…………1大勺
　└ 白醋…………1/2大勺

做法

1 小松菜切成3 cm长的段。青花鱼罐头
　稍稍沥去汤汁，将鱼肉捣碎。阳荷姜顺
　着纹理切成薄片。

2 在大碗中将 A 调匀，加入 **1** 翻拌均匀。

✓长寿效果
看这里！

小松菜

　　生吃小松菜可以将LPS的损失降到最低。如果在意生
吃时的辣味，可以做快速氽烫处理。青花鱼含有能激活脑细
胞的DHA和能降低血液黏稠度的EPA。

37

花椒辛香微辣, 提味增香, 还能提升LPS的吸收效果
黄瓜沙丁鱼罐头和风沙拉

时间
10分钟

*不含黄瓜腌渍时间

热量	1 017 kJ
蛋白质	22.3 g
含糖量	4.0 g
盐分	1.6 g

材料 (2人份)

黄瓜……………2根 (200 g)
沙丁鱼罐头 (红烧)
………………2罐 (200 g)
白萝卜………………100 g
盐………………少许
A ⎡ 酱油、白醋、橄榄油
　 ……………各1/2大勺
　 ⎣ 花椒粉……………少许

做法

1 黄瓜纵向对半切开后斜刀切成片。撒入盐, 待变软后拧去汁水。白萝卜带皮擦泥, 稍稍沥干汁水。沙丁鱼罐头沥去部分汤汁, 将鱼肉捣碎。

2 将黄瓜与沙丁鱼罐头稍稍翻拌后装盘, 加入白萝卜泥。淋入混合均匀的 A, 最后撒入花椒粉。

✓长寿效果
看这里!

黄瓜

　黄瓜生吃就非常美味, 能高效摄入LPS。想要摄入蛋白质与抗氧化物质, 推荐和鱼罐头一起吃。

烟熏鸡肉带来优质蛋白质与独特的香味

秋葵烟熏鸡肉沙拉

时间
10分钟

热量	1 072 kJ
蛋白质	28.4 g
含糖量	6.9 g
盐分	2.0 g

提高免疫力的长寿沙拉

材料 (2人份)

秋葵…………20根（200 g）
烟熏鸡肉（市售）
…………………2袋（200 g）
小番茄………10个（150 g）

A ⌈ 白醋、橄榄油
  │ …………各1又1/2大勺
  └ 盐……………1/4小勺

做法

1 秋葵快速余烫后放凉，纵向对半切开。小番茄切成四等份。烟熏鸡肉切成适口大小。

2 大碗中加入 A 混合均匀，加入 **1** 拌匀。

✔长寿效果
看这里！

秋葵

为了更高效地摄入LPS，注意不要长时间余烫秋葵。烟熏鸡肉不仅为沙拉增加营养与饱腹感，还能带来淡淡的烟熏香味。

香菇香脆猪排沙拉

时间
20分钟

热量	1 762 kJ
蛋白质	23.6 g
含糖量	5.7 g
盐分	1.0 g

材料 (2人份)

猪里脊 (炸猪排用)
·················2块 (200 g)
香菇············6朵 (180 g)
京水菜···········1棵 (50 g)
盐、胡椒粉 ············各少许
橄榄油·················1大勺

Ⓐ ⎧ 面包糠··········4大勺
⎪ 欧芹碎··········2大勺
⎨ 黄油·············15 g
⎩ 盐···········1/4小勺

做法

1 香菇纵向对半切开。京水菜切成3 cm
长的段。猪肉切成长宽各2 cm的片状,
撒入盐和胡椒粉抓匀。

2 平底锅中加入Ⓐ开中火,煎至香脆。

3 将**2**的平底锅擦干净,加入橄榄油开中
火烧热,整齐码入香菇和猪肉。加盖转
小火,焖烧3分钟。翻面后再加盖焖3
分钟。

4 盘中码入京水菜,盛入**3**,撒入**2**。

✓长寿效果
看这里!

香菇

　　香菇不仅含有LPS,还含有能增强免疫力的β-葡聚糖。
此外,膳食纤维也很丰富。与咀嚼感十足的京水菜组合,搭
配出一道高饱腹感的沙拉。

苏子叶宜人的清香让风味更诱人

平菇秋刀鱼罐头豆苗沙拉

时间
10分钟

热量	1 298 kJ
蛋白质	21.9 g
含糖量	14.0 g
盐分	2.0 g

提高免疫力的长寿沙拉

材料 (2人份)

平菇……………2盒 (200 g)

秋刀鱼罐头 (红烧)

……………2罐 (200 g)

豆苗……………………45 g

苏子叶……………………5片

芝麻油………………1大勺

A ⌈ 白醋……………………2小勺

⌞ 酱油……………………1小勺

做法

1 平菇撕成适口大小。秋刀鱼罐头沥去部分汤汁,将鱼肉捣碎。豆苗去根,切成三等份。

2 平底锅中加入芝麻油,开中火烧热,加入平菇炒3分钟。加入秋刀鱼罐头翻炒均匀。

3 豆苗装盘,撒入撕碎的苏子叶。加入**2**,淋入混合均匀的 A。

✓长寿效果
看这里!

平菇

　　菌菇中,平菇的LPS含量排名第一。与调味鱼罐头搭配,只需另加少许调味料就能做成一道美味的沙拉。豆苗中的维生素K还具有预防骨质疏松的功效。

41

搭配多种爽滑口感的食材，美味适口

滑子菇豆腐裙带菜柚香沙拉

时间
15分钟

*不含裙带菜碎泡发时间

热量	536 kJ
蛋白质	6.8 g
含糖量	3.1 g
盐分	1.2 g

材料（2人份）

滑子菇…………1袋（100 g）

南豆腐………1/2块（150 g）

裙带菜碎（干）………1大勺

生菜…………2片（50 g）

A ［ 柚子醋、橄榄油
……………各1大勺
柚子胡椒………1/4小勺 ］

做法

1 滑子菇氽烫后沥干，与A混合。豆腐切成大小适宜的块状。裙带菜碎用清水泡发后沥干。生菜撕成适口大小。

2 将生菜与裙带菜装盘，码入豆腐，加入滑子菇，最后淋入A。

✓长寿效果
看这里！

滑子菇

　　菌菇中，滑子菇的LPS含量较高，与裙带菜一拌就是一盘LPS满满的沙拉。柚子胡椒的原料青辣椒也是LPS丰富的食材。

搭配牛排肉，分量十足

口蘑牛排沙拉

时间
15分钟

热量	1 863 kJ
蛋白质	32.4 g
含糖量	2.4 g
盐分	1.5 g

材料（2人份）

牛腿肉······················300 g
口蘑·························200 g
西芹············1根（100 g）
盐·························1/2小勺
橄榄油······················2大勺
柠檬·························1/2个

做法

1 牛肉上抹盐。口蘑对半切开。西芹斜刀切成薄片，西芹叶切成适口大小。

2 平底锅中加入橄榄油，开大火烧热，放入牛肉与口蘑煎2分钟。牛肉翻面后再煎1分钟取出，静置4分钟后切成适口大小的块状。

3 盘中码入**2**与西芹，佐以切块的柠檬。

提高免疫力的长寿沙拉

✓长寿效果
看这里！

口蘑

口蘑不仅含有LPS，还富含与能量代谢息息相关的B族维生素。搭配含优质蛋白质、铁和锌的牛肉，营养丰富又全面。

海苔的香脆搭配软糯牛油果，味道一绝

海苔牛油果蒸鸡肉沙拉

时间
10分钟

*不含鸡肉放凉时间

热量	2 620 kJ
蛋白质	33.2 g
含糖量	3.6 g
盐分	2.7 g

材料（2人份）

烤海苔·················1大片
牛油果·················1个
鸡胸肉·········1块（300 g）
豆苗·····················20 g
A ⎡ 水···················3大勺
⎢ 白砂糖·············1小勺
⎣ 盐···············1/2小勺
B ⎡ 酱油、橄榄油
⎢ ···············各1大勺
⎣ 白醋·············1/2大勺

做法

1 鸡肉中加入 Ⓐ 揉匀，码入耐热容器中，松松地盖上一层保鲜膜，用微波炉加热7~8分钟。放凉后切成大小适宜的块状。牛油果也切成块状。

2 大碗中放入撕碎的海苔，加入 Ⓑ 混合均匀。加入 **1**，装盘，最后放上豆苗。

✓长寿效果
看这里！

海苔

富含LPS的海苔搭配维生素E与膳食纤维含量丰富的牛油果，以及优质蛋白质来源——鸡肉。搭配一些豆苗，可轻松实现抗氧化功效。

用滑嫩的裙带菜梗代替沙拉汁

裙带菜梗白萝卜油豆腐沙拉

时间
10分钟

热量	687 kJ
蛋白质	5.8 g
含糖量	3.5 g
盐分	1.3 g

提高免疫力的长寿沙拉

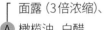

材料 (2人份)

裙带菜梗⋯⋯⋯2盒 (90 g)
油豆腐⋯⋯⋯⋯⋯⋯⋯ 2块
白萝卜⋯⋯⋯⋯⋯⋯⋯100 g
Ⓐ 面露 (3倍浓缩)、橄榄油、白醋
⋯⋯⋯⋯⋯⋯ 各1大勺

做法

1 油豆腐用烤箱或吐司炉烤制焦黄上色，然后切成细丝。白萝卜切成丝，与油豆腐拌匀后装盘。

2 裙带菜梗与Ⓐ混合，浇入**1**中。

✓长寿效果
看这里!

裙带菜梗

　利用裙带菜梗天然的黏液与调料混合，以代替沙拉汁。这种调味方法还能用于豆腐沙拉。白萝卜带皮入菜，丝毫不浪费食材中的LPS。

45

味噌和橄榄油调成的沙拉汁非常美味

裙带菜笋片刺身沙拉

时间
10分钟

*不含裙带菜碎泡发时间

热量	896 kJ
蛋白质	19.2 g
含糖量	5.8 g
盐分	1.7 g

材料 (2人份)

裙带菜碎 (干)·········1大勺

鲷鱼 (生鱼片用)······150 g

水煮笋······················100 g

Ⓐ
- 味噌、橄榄油······1大勺
- 白醋·················2小勺
- 白砂糖···········1/2大勺
- 黄芥末酱·······1/2小勺

做法

1 裙带菜用清水泡发，沥干水分。鲷鱼、笋切薄片。

2 盘中码入**1**，淋入混合均匀的Ⓐ。

✓长寿效果
看这里!

裙带菜

　　裙带菜除了含LPS，还富含膳食纤维。再搭配脆韧的笋片，组成一盘能收获满满饱腹感的沙拉。味噌与橄榄油中含有大量有助于缓解便秘的成分。

莲藕爽脆的口感令人停不下来

莲藕羊栖菜生姜沙拉

时间
10分钟

*不含羊栖菜泡发时间

热量	494 kJ
蛋白质	2.1 g
含糖量	11.2 g
盐分	1.4 g

材料（2人份）

莲藕··············150 g
羊栖菜（干）··········5 g
生姜（切丝）··········2片
生菜··············1棵
A ┌ 橄榄油··········1大勺
  │ 白醋···········2小勺
  └ 盐············1/2小勺

做法

1 羊栖菜用清水泡发。莲藕带皮切成薄片，稍稍用水浸泡。生菜切成2 cm长的段。

2 锅中加入足量清水煮沸，加入白醋2小勺（未计入分量）。放入羊栖菜煮2分钟，加入莲藕再氽烫1分钟，一起捞出沥水。

3 大碗中加入 A 混合，加入生姜与 **2** 拌匀。最后与生菜叶一同装盘。

✔长寿效果
看这里!

莲藕+羊栖菜

为了减少莲藕中LPS的流失，请用切片器切得越薄越好。羊栖菜富含膳食纤维，如果用羊栖菜芽，泡发还能更省时一点。

坚果的浓香让人百吃不厌

嫩叶菠菜核桃沙拉

时间
5分钟

热量	996 kJ
蛋白质	4.8 g
含糖量	2.1 g
盐分	0.7 g

材料（2人份）

嫩叶菠菜 ·················100 g
核桃 ··························50 g
橄榄油 ····················1大勺
A ┌ 白醋 ··················2小勺
  │ 白砂糖 ··········1/2小勺
  └ 盐 ··················1/4小勺

做法

1 嫩叶菠菜切成4 cm长的段。

2 大碗中加入**1**与核桃，淋入橄榄油拌匀。
加入Ⓐ混合即可。

✓长寿效果
看这里！

 +

嫩叶菠菜+核桃

　　嫩叶菠菜涩味较轻，可以生食，能提高LPS的摄入效率。
带皮一起吃的核桃等坚果类也富含LPS。核桃还含有大量
具有较强抗氧化作用的维生素E。

色泽鲜艳、口感丰富的美味沙拉

毛豆玉米豆腐沙拉

时间
10分钟

热量	1 059 kJ
蛋白质	13.8 g
含糖量	12.9 g
盐分	1.6 g

材料 (2人份)

毛豆 (冷冻、带豆荚)
......................200 g
玉米粒 (罐头)..........100 g
南豆腐........1/2块 (150 g)

A
┌ 味噌、橄榄油
│ 各1大勺
│ 白醋、白砂糖
└ 各1小勺

做法

1 毛豆按照包装说明进行解冻,并剥去豆荚。玉米罐头沥干汤汁(用冷冻玉米粒的话则放入耐热容器中,松松地盖上一层保鲜膜,用微波炉加热1分钟)。豆腐切成适口大小的块状。

2 大碗中加入Ⓐ混合,再加入**1**拌匀。

✓长寿效果
看这里!

毛豆

毛豆与玉米当季时,可购买新鲜的入菜。不过要注意控制加热时间,煮至口感偏硬即可,这样能减少LPS的流失,还能享受粒粒分明的口感。

突显培根鲜美的炒沙拉

平菇培根京水菜温沙拉

时间
10分钟

热量	1 021 kJ
蛋白质	9.0 g
含糖量	4.3 g
盐分	1.5 g

材料（2人份）

平菇……………2袋（200 g）
培根……………4片（80 g）
京水菜…………1棵（50 g）
橄榄油…………………1大勺
A〔白醋…………1/2大勺
 〔盐……………1/4小勺

做法

1 平菇撕成适口大小。培根切成3 cm长的段。京水菜切成3 cm长的段。

2 平底锅中加入橄榄油，放入平菇、培根开中火翻炒3分钟。

3 盘中码入京水菜，盛入**2**。淋入混合均匀的Ⓐ。

长寿效果
看这里！

平菇

平菇不仅富含LPS，还含有膳食纤维和β-葡聚糖，有着预防癌症的功效。菌菇类热量低，可以放心地大口吃。

浓郁芝士酱汁带来的满足感

嫩豌豆荚扇贝沙拉佐芝士酱

时间
15分钟

热量	766 kJ
蛋白质	11.6 g
含糖量	9.1 g
盐分	0.6 g

材料（2人份）

嫩豌豆荚·················200 g

熟扇贝·····················80 g

┌ 水·······················1/4杯

Ⓐ 橄榄油·················1大勺

└ 盐···························少许

┌ 芝士（比萨用）······30 g

Ⓑ 牛奶·····················1大勺

黑胡椒碎·····················少许

做法

1 嫩豌豆荚去筋，对半切开。

2 平底锅中加入**1**与扇贝，淋入Ⓐ后加盖开中火煮。开锅后焖煮5分钟，装盘。

3 在**2**的平底锅中加入Ⓑ，开中火融化，淋在**2**上。最后撒入黑胡椒碎。

✓长寿效果
看这里！

嫩豌豆荚

嫩豌豆荚的LPS搭配芝士的乳酸菌，通过相乘效应增强提高免疫力的功效。扇贝补充优质蛋白质，与嫩豌豆荚组成一道营养均衡的沙拉。

小松菜生吃也美味！还能减少LPS流失

小松菜苹果沙拉

时间
5分钟

热量	515 kJ
蛋白质	1.2 g
含糖量	7.5 g
盐分	0.9 g

材料 (2人份)

小松菜…………1把 (150 g)
苹果…………1/3个 (100 g)
橄榄油…………1又1/2大勺
A ⎡ 白醋…………2小勺
  ⎣ 盐…………1/3小勺

做法

1 小松菜切成2 cm长的段。苹果切成扇形薄片。

2 大碗中加入**1**，淋入橄榄油拌匀。加入 Ⓐ翻拌。

✔长寿效果
看这里！

 +

苹果+小松菜

为了更有效地摄入LPS，可以选择生吃小松菜。有些小松菜生食会有轻微的辛辣和苦味，搭配香甜的苹果可以很好地改善口味。

第3章

让大脑与身体延缓衰老的

长寿沙拉

卷心菜加盐揉捏，减少体积，一次吃个够

卷心菜油浸沙丁鱼沙拉

材料 (2人份)

卷心菜·········3片 (150 g)

彩椒 (黄)·····1/4个 (50 g)

沙丁鱼罐头 (油浸)

··············1罐 (100 g)

盐··············1/2小勺

Ⓐ ┃ 白醋··············2小勺

┃ 橄榄油·········1/2大勺

┃ 胡椒粉··············少许

做法

1 卷心菜撕成适口大小，放入大碗中，加盐揉捏，待变软后挤去汁水。彩椒横刀切成薄片。油浸沙丁鱼沥干油脂。

2 大碗中加入Ⓐ混合，再加入**1**拌匀。

时间
10分钟

热量	975 kJ
蛋白质	11.4 g
含糖量	4.2 g
盐分	1.6 g

✓长寿效果
看这里!

 +

卷心菜+彩椒

　　将富含异硫氰酸酯的卷心菜与维生素C含量惊人的彩椒组合，可以带来强大的抗氧化效果，既能延缓衰老，还能提高免疫力。油浸沙丁鱼不仅能提供优质蛋白质，还能补充DHA与EPA。

加入温泉蛋，让辛辣的洋葱变得温和适口

洋葱萝卜苗烤鸡肉罐头沙拉

材料 (2人份)

洋葱·········1/2颗 (100 g)

萝卜苗·····················1/2袋

烤鸡肉罐头···2罐 (200 g)

温泉蛋 (市售)··········2个

A [蛋黄酱···········2大勺
芝麻油、酱油
···············各1/2大勺]

七味辣椒粉 (根据个人喜好)·····················少许

做法

1 洋葱横向切成薄片，摊开让切口接触空气，放置15分钟。萝卜苗去根，对半切开。

2 大碗中加入**1**，码入烤鸡肉和温泉蛋，最后依次加入 Ⓐ。

时间
10分钟

＊不含洋葱放置时间

热量	1 666 kJ
蛋白质	26.5 g
含糖量	13.3 g
盐分	3.2 g

✓ 长寿效果
看这里!

洋葱

　　为了充分发挥洋葱中烯丙基化硫的抗氧化作用，请尝试生吃洋葱吧! 处理时不泡水，而是暴露在空气中放置一段时间，可以增强其降低血液黏稠度的功效。萝卜苗中的异硫氰酸酯也具有预防癌症的效果。

五彩缤纷、令人食欲大开的西式沙拉
西蓝花鲜虾白煮蛋沙拉

材料 (2人份)

西蓝花……2/3颗 (200 g)

白灼虾 …… 6~8只 (150 g)

白煮蛋 ………………… 2个

A
┌ 橄榄油…1又1/2大勺
│ 白醋 …………… 2小勺
│ 盐………………1/4小勺
└ 白砂糖…………… 少许

杏仁脆片 ………………30 g

做法

1 西蓝花分成小朵,码入耐热容器中,松松地盖上一层保鲜膜,用微波炉加热4分钟。白煮蛋切成四等份。杏仁脆片煎至微微焦黄。

2 大碗中加入 Ⓐ 混合均匀,加入西蓝花与虾翻拌。装盘后加入鸡蛋,最后撒入杏仁脆片。

时间
10分钟

热量	1 482 kJ
蛋白质	27.9 g
含糖量	3.1 g
盐分	1.2 g

✓长寿效果
看这里!

西蓝花

西蓝花不用水煮,而是用微波炉加热,可以防止维生素C等可溶性营养成分的流失。虾肉中的虾青素、杏仁中的维生素E都具有很强的抗氧化作用,有助于延缓衰老。

黄油奶香扑鼻，沙拉分量十足

土豆鸡肉蒜香黄油风味沙拉

材料 (2人份)

土豆·············2个 (200 g)
鸡腿肉··········1块 (300 g)
芦笋·············4根 (100 g)
大蒜 (切薄片)·········1瓣
橄榄油·············1/2大勺
盐················1/4小勺

Ⓐ ⎡ 黄油·············10 g
   │ 白醋············2小勺
   ⎣ 盐·············1/4小勺

黑胡椒碎·············少许

做法

1 土豆带皮切成1 cm
厚的圆片，稍稍用水
浸泡后沥干。芦笋
较硬的根部去皮，斜
刀切成3 cm长的段。
鸡肉切适口大小，撒
入盐揉捏入味。

2 平底锅中加入橄榄
油，放入土豆和鸡肉，
加盖开中火煎制。锅
中传出油爆起的声音
后再焖5分钟，翻面
后加入芦笋，转小火
再焖3分钟。

3 加入大蒜、Ⓐ 翻炒，
爆出香味后装盘，最
后撒入黑胡椒碎。

时间 20分钟	
热量	1 951 kJ
蛋白质	28.2 g
含糖量	18.6 g
盐分	1.6 g

✓长寿效果
看这里!

土豆+大蒜

　　土豆中的维生素C经过加热也不容易遭到破坏，能在人
体内有效发挥作用。推荐带皮烹调，能保留更多的LPS。大蒜
中的大蒜素具有很强的抗氧化作用，是有助于消除疲劳、预防
癌症和提高免疫力的成分。

蔬菜的清香与沙丁鱼的风味相得益彰

洋葱沙丁鱼乡土料理风味沙拉

时间
15分钟

热量	933 kJ
蛋白质	22.6 g
含糖量	6.6 g
盐分	2.0 g

材料 (2人份)

沙丁鱼 (生鱼片用、去骨)
·····················200 g
洋葱··········1/2颗 (100 g)
阳荷姜···········2个 (30 g)
水芹·············1把 (100 g)
味噌············1又1/2大勺

做法

1 沙丁鱼切成粗粒。洋葱切成末。一起放入大碗中，加入味噌拌匀。

2 阳荷姜纵向对半切开后切成薄片。水芹切成3 cm长的段，一起装盘。上面码入**1**。

✓长寿效果
看这里!

洋葱

　　洋葱切得越碎，其所含的烯丙基化硫的抗氧化作用就越能充分发挥。水芹富含β-胡萝卜素与维生素C。阳荷姜则含有花青素等抗氧化物质。

调味青花鱼罐头既是食材又是调料

白萝卜鸭儿芹青花鱼罐头沙拉

时间
5分钟

热量	1 118 kJ
蛋白质	15.1 g
含糖量	8.2 g
盐分	1.0 g

材料 (2人份)

白萝卜·················150 g
鸭儿芹············1把 (30 g)
青花鱼罐头 (水浸)
·················1罐 (180 g)
Ⓐ ┌ 橄榄油·········1大勺
└ 白醋·············1小勺

做法

1 白萝卜带皮切成扇形薄片。鸭儿芹切成3 cm长的段。

2 青花鱼罐头沥去部分汤汁装入大碗中,稍稍将鱼肉捣碎。加入Ⓐ搅拌后,再加入**1**翻拌一下。

长寿效果
看这里!

白萝卜

白萝卜的辣味成分异硫氰酸酯具有预防癌症的功效。白萝卜还含有淀粉酶等生物酶,有助于增强肠胃功能。鸭儿芹也含有抗氧化成分。

63

焖烧让肉类与蔬菜柔嫩多汁

彩椒猪肉西式腌渍风味沙拉

时间
15分钟

热量	1 545 kJ
蛋白质	20.7 g
含糖量	9.1 g
盐分	1.6 g

材料（2人份）

彩椒（红）……1个（200 g）
猪里脊（炸猪排用）
…………2片（200 g）
生菜…………2片（50 g）
盐…………1/4小勺
橄榄油…………1大勺
A ┌ 白醋…………4大勺
├ 白砂糖…………1/2大勺
└ 盐…………1/3小勺

做法

1 彩椒切滚刀块，生菜撕成适口大小。猪肉切长宽各2 cm的片状。

2 平底锅中加入橄榄油，开中火烧热，加入彩椒、猪肉后转小火并加盖。焖烧3分钟后翻面，再焖3分钟。

3 加入 A 转中火，炒1分钟后关火。放凉后与生菜一起装盘。

✓长寿效果
看这里！

彩椒

　　彩椒富含β-胡萝卜素与维生素C。这种蔬菜颜色众多，有黄色、橙色等。红色的彩椒中还含有抗氧化物质辣椒红素。

小番茄西葫芦蒸蛤蜊沙拉

時間
15分钟

热量	519 kJ
蛋白质	5.0 g
含糖量	7.2 g
盐分	1.4 g

让大脑与身体延缓衰老的长寿沙拉

材料（2人份）

小番茄·········10个（150 g）
西葫芦··········1根（100 g）
蛤蜊（带壳、去沙）···250 g
大蒜（切末）···············1瓣
橄榄油·····················1大勺
料酒·······················2大勺
盐···························少许
欧芹碎·····················2大勺

做法

1 西葫芦切成1 cm厚的圆片。蛤蜊洗净外壳。

2 平底锅中加入橄榄油，加入大蒜开中火爆香，加入**1**和小番茄，淋入料酒后加盖焖煮5分钟。

3 待蛤蜊开口后，加入盐调味，最后撒入欧芹碎。

✓长寿效果
看这里！

小番茄

红色色素成分是番茄红素，具有强大的抗氧化作用。这一成分十分耐热，经过加热后效果也不受影响。与油脂一同烹饪，还能提升其吸收率。

橄榄油与酱油搭配出的美味

番茄芝士和风卡布里沙拉

时间
5分钟

热量	929 kJ
蛋白质	11.3 g
含糖量	6.5 g
盐分	1.0 g

材料（2人份）

番茄…………2小个（200 g）
马苏里拉芝士…………100 g
苏子叶…………………6片
橄榄油………………1大勺
酱油…………………2小勺
木鱼花………………2 g

做法

1 番茄切成1~1.5 cm厚的半圆片。芝士也以相同方式改刀。苏子叶纵向对半切开。

2 依次将番茄、芝士、苏子叶整齐码好放入盘中，淋入橄榄油和酱油，最后撒上木鱼花。

✓长寿效果
看这里！

番茄

番茄中的番茄红素与苏子叶中的β-胡萝卜素组合，可提升抗氧化能力。另外，苏子叶中所含的迷迭香酸还具有预防认知障碍的功效。

意外的食材组合带来绝妙的美味

茄子三文鱼西式拌生鱼片

时间
10分钟

热量	1 314 kJ
蛋白质	16.9 g
含糖量	3.8 g
盐分	1.4 g

材料（2人份）

茄子……………1个 (150 g)
三文鱼 (生鱼片用)…150 g
芝麻菜………………50 g
Ⓐ ┌ 水………………3大勺
   └ 盐………………1小勺
Ⓑ ┌ 柠檬汁………1/2个份
   │ 橄榄油………2大勺
   └ 盐………………少许

做法

1 茄子切成薄圆片。保鲜袋中装入Ⓐ，放入茄子腌渍5分钟。待茄子变软，挤去部分汁水。三文鱼切成片。

2 大碗中加入Ⓑ混合，加入茄子、芝麻菜拌匀。最后与三文鱼一起装盘。

✓长寿效果
看这里！

茄子

茄子皮中的茄色苷具有很强的抗氧化作用。三文鱼中呈现橙色的色素成分虾青素也是具有延缓衰老功效的抗氧化物质。

让大脑与身体延缓衰老的长寿沙拉

菜叶变软入味后也很美味

生菜拌肉丝沙拉

时间
5分钟

热量	699 kJ
蛋白质	10.7 g
含糖量	6.9 g
盐分	1.8 g

材料 (2人份)

生菜·········· 1/2棵 (150 g)
烤猪肉 (市售)·········· 100 g
彩椒 (黄)··· 1/2个 (100 g)
芝麻油·················· 1大勺
A ⎡ 蒜泥··············· 1/2小勺
　 白醋················· 1小勺
　 ⎣ 盐················· 1/4小勺

做法

1 生菜撕成适口大小。烤猪肉切成细条。彩椒横向切开后切薄片。

2 大碗中加入**1**，用芝麻油拌匀。再加入 Ⓐ 拌匀。

✓长寿效果
看这里！

大蒜

　　大蒜除了大蒜素，还含有维生素B$_6$和钾等多种保健功效强大的营养成分。生吃大蒜刺激性较强，不建议一次性吃太多。

香脆的点缀带来口感上的变化

彩椒凯撒沙拉

时间
5分钟

热量	984 kJ
蛋白质	9.7 g
含糖量	10.0 g
盐分	0.9 g

材料 (2人份)

彩椒 (红)…1/2个 (100 g)
红叶生菜……………………150 g
金枪鱼罐头 (油浸)
………………………1罐 (70 g)
凯撒沙拉汁 (详见第27页)
………………………………适量
杂粮谷物片…………3大勺

做法

1 彩椒横向切开后切成薄片。将生菜撕成适口大小。金枪鱼罐头沥去油脂。

2 将1装盘，淋入沙拉汁。最后撒上杂粮谷物片。

✓长寿效果
看这里！

彩椒

　　彩椒是富含强抗氧化物质维生素A (β-胡萝卜素)、维生素C、维生素E的健康蔬菜。最后加入的杂粮谷物片则富含膳食纤维，具有调理肠道的功效。

用艳丽色泽激发食欲的沙拉

紫甘蓝田园沙拉

时间
10分钟

热量	1 273 kJ
蛋白质	5.9 g
含糖量	9.7 g
盐分	1.3 g

材料（2人份）

紫甘蓝·······1/4颗（200 g）
胡萝卜········1/3根（50 g）
核桃·····················50 g

A
- 橄榄油·····1又1/2大勺
- 白砂糖、白醋
  ·················各2小勺
- 盐·················1/2小勺

做法

1 紫甘蓝、胡萝卜切成丝。

2 在保鲜袋中装入 Ⓐ 混合，加入**1**揉捏，
待菜丝变软后加入核桃拌匀。

✓长寿效果
看这里！

紫甘蓝

紫甘蓝是卷心菜家族的一员，含有紫色色素成分花青
素，有着很强的抗氧化作用。最后加入的核桃则富含LPS，
也具有较强的抗氧化作用。

萝卜苗爽口又提味

番茄萝卜苗佐黄芥末沙拉

时间
5分钟

热量	444 kJ
蛋白质	1.9 g
含糖量	8.2 g
盐分	0.9 g

让大脑与身体延缓衰老的长寿沙拉

材料(2人份)

番茄……………2个(300 g)

萝卜苗………………………1袋

A
橄榄油……………1大勺
法式黄芥末酱…2小勺
白砂糖、白醋
……………… 各1小勺
盐………………1/4小勺

做法

1 番茄切成八等份。萝卜苗去根切成4段。

2 将**1**装盘,淋入混合均匀的Ⓐ。

✓长寿效果
看这里!

番茄

番茄中的番茄红素与沙拉汁中的油脂一同摄入,能提高其吸收率。萝卜苗中的异硫氰酸酯具有预防癌症的功效。

芝麻油浓香诱人

茄子火腿中式沙拉

时间
10分钟

热量	594 kJ
蛋白质	5.5 g
含糖量	8.0 g
盐分	3.0 g

材料（2人份）

茄子……………1个（150 g）
火腿…………2~3片（40 g）
大葱…………1/2根（50 g）
生菜…………………50 g

A ┌ 水……………3大勺
  └ 盐……………1小勺

B ┌ 芝麻油、酱油
  │ ……………各1大勺
  │ 白砂糖…………2小勺
  └ 白醋…………1/2大勺

做法

1 茄子纵向对半切开，斜刀切成薄片。保鲜袋中加入 A 混合，放入茄子片，腌渍5分钟至变软，挤出汁水。

2 火腿切成1 cm宽的段，大葱纵向对半切开后切成丝。生菜叶撕成适口大小。

3 大碗中加入 B 混合均匀，再加入 **1** 和 **2** 拌匀。

长寿效果
看这里！

茄子

茄子可以做成日式、西式与中式等各种菜肴，是一种万能蔬菜。其外皮含有茄色苷，为了充分利用这一营养物质，请带皮一起烹饪吧。

海苔与小银鱼的鲜美让人停不下筷子

白萝卜海苔小银鱼沙拉

时间
5分钟

热量	481 kJ
蛋白质	3.4 g
含糖量	3.4 g
盐分	1.1 g

材料 (2人份)

白萝卜·····················150 g
烤海苔·····················2片
小银鱼干···················2大勺
A「柚子醋、橄榄油
└···············各1又1/2大勺

做法

1 白萝卜切成半圆的薄片，放入大碗中，加入撕碎的海苔。

2 加入Ⓐ拌匀，装盘，最后撒入小银鱼。

✓长寿效果
看这里!

海苔+白萝卜

　　白萝卜的辣味成分异硫氰酸酯与海苔的β-胡萝卜素有着很强的抗氧化作用。生吃白萝卜还能完整摄入其中有助于调理肠胃的生物酶。

水果的清甜带来柔和的口感
蓝莓扇贝柱沙拉

<table>
<tr><td colspan="2" align="center">时间
5分钟</td></tr>
</table>

热量	557 kJ
蛋白质	11.1 g
含糖量	5.4 g
盐分	1.3 g

材料（2人份）

蓝莓·····················50 g
扇贝柱·················150 g
小番茄·········3个 (45 g)
芝麻菜·················30 g
A ⎡ 橄榄油·········1大勺
⎢ 白醋···············1小勺
⎣ 盐···············1/4小勺

做法

1 小番茄切成四等份。扇贝柱对半切开。

2 大碗中加入混合好的 A，再加入 1 和蓝莓拌匀。最后与芝麻菜一起装盘。

✓长寿效果
看这里！

蓝莓

蓝莓中的花青素具有抗氧化作用，还能提高免疫力、延缓衰老。花青素还有着改善眼睛功能的作用。

柚子的柔和酸味带来清爽口感

西柚烤牛肉沙拉

时间
10分钟

热量	913 kJ
蛋白质	13.0 g
含糖量	14.5 g
盐分	1.5 g

材料 (2人份)

西柚…………1个 (300 g)
烤牛肉 (市售)………100 g
荷蒿…………3根 (50 g)
A [橄榄油…………1大勺
酱油…………1小勺
盐…………1/4小勺]

做法

1 西柚去皮、去白膜。荷蒿摘取叶片。烤牛肉切成适口大小。

2 大碗中加入Ⓐ混合，再加入**1**拌匀。

√长寿效果
看这里!

西柚

　　西柚的特点是有着恰到好处的酸味与微苦味，非常适合加入沙拉中。同时，它也是抗氧化物质维生素C的优质来源，值得推荐。搭配鲜美醇厚的烤牛肉与芳香独特的荷蒿，口味非常协调。

75

意外的搭配组成清新可口的沙拉

香橙鲣鱼西洋菜清香沙拉

时间
10分钟

热量	783 kJ
蛋白质	21.2 g
含糖量	9.4 g
盐分	1.2 g

材料 (2人份)

橙子…………1个 (200 g)

鲣鱼 (生鱼片用)……150 g

西洋菜…………1把 (50 g)

阳荷姜…………1个 (10 g)

A
┌ 橄榄油…………1大勺
│ 酱油…………1小勺
│ 盐…………1/4小勺
└ 胡椒粉…………少许

*西洋菜即豆瓣菜。

做法

1 橙子去皮、去白膜。西洋菜切成3 cm 长的段, 阳荷姜纵向切成薄片。鲣鱼切成薄片。

2 大碗中加入 Ⓐ 混合均匀, 再加入**1**拌匀。

✓长寿效果
看这里!

橙子

果汁丰沛的橙子里是满满的维生素C。鲣鱼富含DHA 与EPA, 有助于预防生活方式病。此外, 鲣鱼中的矿物质硒 与维生素C一起摄入, 还能提升抗氧化能力。

加入樱桃萝卜，色彩丰富更诱人

猕猴桃鸡肉佐颗粒黄芥末酱沙拉

时间
10分钟

*不含鸡肉放凉时间

热量	1 427 kJ
蛋白质	33.5 g
含糖量	11.7 g
盐分	2.3 g

材料 (2人份)

猕猴桃…………2个 (160 g)
鸡胸肉…………1块 (300 g)
樱桃萝卜………………… 3个
Ⓐ [水…………………3大勺
白砂糖…………1小勺
盐…………………1/2小勺]
Ⓑ [橄榄油、颗粒黄芥末酱
………… 各1大勺
白醋………………1小勺
盐………………1/4小勺]

做法

1 鸡肉中加入Ⓐ揉捏，码放在耐热容器上，松松地盖上一层保鲜膜，用微波炉加热7~8分钟。放凉后切成适口大小的块状。

2 猕猴桃切成适口大小的块状。樱桃萝卜切成圆薄片，萝卜缨切成2 cm长的段。

3 大碗中加入Ⓑ混合均匀，再加入**1**和**2**拌匀。

长寿效果
看这里！

猕猴桃

猕猴桃富含维生素C与维生素E。柔和的酸味来自柠檬酸与苹果酸，很适合用于消除疲劳。此外，猕猴桃还含有能分解蛋白质的猕猴桃碱，让这道沙拉更易于消化吸收。

77

鲜亮的绿色让餐桌变得清新怡人

猕猴桃香菜快手沙拉

时间
5分钟

热量	469 kJ
蛋白质	1.6 g
含糖量	10.9 g
盐分	0.7 g

材料 (2人份)

猕猴桃·········2个 (160 g)
香菜·········3株 (60~80 g)

A
色拉油·············1大勺
白醋·················2小勺
盐·················1/4小勺

做法

1 猕猴桃切成7~8 mm厚的半圆片。香菜切成3 cm长的段。

2 大碗中加入 A 混合,再加入 **1** 拌匀。

✓长寿效果
看这里!

猕猴桃

　　猕猴桃的维生素C搭配香菜中的β-胡萝卜素,进一步提升抗氧化作用。绿肉猕猴桃富含猕猴桃碱,而黄肉猕猴桃中的维生素C含量更为丰富。

第4章

改善肠道环境的

长寿沙拉

让人满足感爆棚的主菜沙拉

牛油果西洋菜牛排沙拉

材料 (2人份)

牛油果······················1个
西洋菜···········1把 (50 g)
牛腿肉·····················300 g
白醋······················1/2大勺
橄榄油····················1大勺
酱油······················1大勺

做法

1 牛油果切成适口大小的块状,加醋拌匀。西洋菜切成3 cm长的段,牛肉切成适口大小的块状,撒入盐。

2 平底锅中加入橄榄油,开大火烧热,加入牛肉煎2分钟。翻面后再煎2分钟,然后淋入酱油。

3 牛肉装盘,加入西洋菜、牛油果,最后淋入锅中的调味汁。

时间
10分钟

热量	2 600 kJ
蛋白质	45.7 g
含糖量	2.8 g
盐分	2.2 g

✓长寿效果
看这里!

牛油果

　　牛油果富含膳食纤维,同时维生素E的含量也很丰富,抗氧化能力出众,其中的泛酸具有促进代谢的功效。西洋菜中的异硫氰酸酯、β-胡萝卜素和维生素C等营养成分也具有抗氧化的效果。

甜辣口味非常适合搭配米饭

牛蒡牛肉温沙拉

材料（2人份）

牛蒡·······················100 g
牛肉末·····················200 g
生菜··················10片（100 g）
色拉油····················1大勺
┌ 蒜泥················1瓣份
│ 酱油···········1又1/2大勺
Ⓐ 白砂糖···············1大勺
└ 味啉················1/2大勺
七味辣椒粉···············少许

做法

1 牛蒡纵向对半切开，斜刀切成薄片泡水备用。生菜叶切成适口大小的片状。

2 平底锅中加入色拉油，开中火烧热，加入沥干水的牛蒡翻炒2分钟。加入牛肉末再炒2分钟，加入Ⓐ后翻炒1分钟。

3 盘中码入生菜叶，盛入**2**，最后撒上七味辣椒粉。

时间
10分钟

热量	2 030 kJ
蛋白质	18.2 g
含糖量	14.3 g
盐分	2.1 g

✓长寿效果
看这里！

牛蒡

　　牛蒡含有可溶性与不可溶性两种膳食纤维。尤其是不可溶性膳食纤维木质素，具有预防癌症的效果。为了避免抗氧化功效强大的绿原酸等有效成分的流失，不要将切好的牛蒡长时间泡在水里。

82

淡淡咖喱香诱人垂涎

王菜猪里脊咖喱风味沙拉

材料（2人份）

王菜·····················200 g

猪里脊·················100 g

洋葱···············1/4颗 (50 g)

彩椒 (红)·····1/4个 (50 g)

盐. 胡椒粉·········各少许

橄榄油················1大勺

A ┌ 生姜泥···········1块份
　 └ 咖喱粉···········1小勺

B ┌ 白醋···············2小勺
　│ 白砂糖···········1小勺
　 └ 盐···············1/4小勺

做法

1 王菜去除粗茎，切成3 cm长的段。洋葱纵向切成丝，彩椒横向切成丝。猪肉切成1.5 cm厚的块状，抹上盐和胡椒粉。

2 平底锅中加入橄榄油，开中火烧热，加入猪肉煎2分钟，翻面后再煎2分钟。

3 加入王菜稍稍翻炒后，加入 A 继续翻炒，炒出香味后加入 B，翻炒一下即可出锅装盘。最后点缀上洋葱和彩椒。

时间
15分钟

热量	787 kJ
蛋白质	16.6 g
含糖量	5.9 g
盐分	1.0 g

✓长寿效果
看这里！

王菜

　　王菜的营养价值非常高。除了膳食纤维，β-胡萝卜素、维生素C和维生素E也十分丰富。王菜与含有优质蛋白质的猪肉搭配，可以组成一道营养均衡的沙拉。生洋葱中含有大量大蒜素，有助于消除疲劳。

只需汆烫后凉拌，独特的黏滑口感让人上瘾

王菜金枪鱼沙拉

<table>
<tr><td colspan="2" align="center">时间
10分钟</td></tr>
</table>

热量	594 kJ
蛋白质	8.6 g
含糖量	0.4 g
盐分	1.0 g

材料（2人份）

王菜·····················100 g

金枪鱼罐头（油浸）

·····················1罐（70 g）

A [白醋·····················2小勺
橄榄油·············1/2大勺
盐·····················1/4小勺]

做法

1 王菜去除粗茎，切成3 cm长的段。锅中加热水煮沸，放入王菜汆烫1分钟后捞出沥水，并挤出多余的汁水。金枪鱼罐头沥去部分油脂。

2 大碗中加入 A，再加入 **1** 拌匀即可。

✅长寿效果
看这里！

王菜

除了膳食纤维，还富含钙，有助于预防骨质疏松，减轻精神压力，含有的钾还能提升肌肉功能。搭配的金枪鱼则是优质蛋白质的来源。

鸭儿芹芳香清新，芥辣味清爽感十足

牛油果鸭儿芹海苔芥辣沙拉

时间
10分钟

热量	1 093 kJ
蛋白质	4.2 g
含糖量	2.8 g
盐分	1.5 g

改善肠道环境的长寿沙拉

材料 (2人份)

牛油果·················1个
鸭儿芹··········2把 (60 g)
烤海苔·················1大片
A ┌ 酱油、橄榄油
  │ ···············各1大勺
  │ 白醋·················2小勺
  └ 青芥末酱·······1/2小勺

做法

1 牛油果切成适口大小。鸭儿芹切成2 cm长的段。

2 大碗中加入撕碎的海苔，加入 Ⓐ 混合均匀，再加入**1**拌匀。

✓长寿效果
看这里!

牛油果

　　这道沙拉中除了牛油果，海苔也富含膳食纤维，共同发挥着调理肠道的作用。牛油果中的泛酸和鸭儿芹的香味成分还有舒缓焦虑的功效。

87

黏滑又爽脆的口感让人着迷

山药香葱拌金枪鱼腩沙拉

时间
5分钟

热量	712 kJ
蛋白质	15.4 g
含糖量	10.8 g
盐分	1.4 g

材料 (2人份)

山药·······················150 g
香葱拌金枪鱼腩 (市售)
·····························100 g
香葱·······························1根
┌ 酱油、橄榄油
A ·······················各1大勺
└
黑胡椒碎······················少许

做法

1 山药带皮切成1 cm厚的半圆片。香葱
斜刀切成葱花。

2 山药装盘,上面码入香葱拌金枪鱼腩,
撒上葱花。淋入混合均匀的 Ⓐ,最后撒
上黑胡椒碎。

长寿效果
看这里!

山药

　　山药含有抗性淀粉,具有改善便秘的作用。带皮食用还
能充分摄入LPS。其中所含的薯蓣皂苷配基成分还有缓解
更年期症状的效果。

最后撒上芝麻，进一步提升保健功效

牛蒡豆苗麻辣蛋黄酱沙拉

时间
5分钟

＊不含牛蒡放凉时间

热量	590 kJ
蛋白质	2.3 g
含糖量	8.1 g
盐分	0.6 g

材料（2人份）

牛蒡·····················150 g
豆苗·······················30 g
A ┌ 蛋黄酱·············2大勺
  └ 豆瓣酱··········1/2小勺
熟黑芝麻················少许

做法

1 牛蒡斜刀切成薄片，煮2分钟后捞出沥干放凉。豆苗去根切成3 cm长的段。

2 大碗中加入 Ⓐ 混合，再加入**1**拌匀。装盘后撒上黑芝麻。

✓ 长寿效果
看这里！

牛蒡

  牛蒡的膳食纤维搭配豆苗的β-胡萝卜素、维生素C，组成具有调理肠道和抗氧化双重功效的沙拉。如果介意豆苗的生味，可以快速汆烫处理一下。

简单一卷，享受与众不同的蔬菜美味

生菜黄瓜蛋黄酱金枪鱼海苔卷

时间
15分钟

热量	1 247 kJ
蛋白质	15.8 g
含糖量	3.0 g
盐分	1.0 g

材料 (2人份)

烤海苔……………………4大片
生菜……………1/4棵 (100 g)
黄瓜……………1/2根 (50 g)
苏子叶………………………4片
金枪鱼罐头 (油浸)
………………………2罐 (140 g)
A ┌ 蛋黄酱……………2大勺
  └ 黄芥末酱………1/2小勺

做法

1 生菜切丝，黄瓜斜刀切薄片后再切丝。金枪鱼罐头沥去部分油脂，加入 Ⓐ 拌匀。

2 桌上铺好保鲜膜，在上面叠放2张海苔，码入生菜丝和黄瓜丝，铺满上半张海苔。下半张海苔下面半边放2片苏子叶，上面半边抹上拌好的蛋黄酱金枪鱼，卷起保鲜膜做成海苔卷。用相同手法再完成另一根海苔卷，并切成适口大小。

✓ 长寿效果
看这里!

海苔

　海苔不仅可以作为点缀，还能用来卷食材。叠放2张海苔更容易操作。与满满的生菜丝一起，充分补充膳食纤维。

用豆渣巧做豆渣版土豆沙拉

彩椒黄瓜拌豆渣沙拉

时间
10分钟

热量	724 kJ
蛋白质	4.2 g
含糖量	7.2 g
盐分	0.8 g

材料 (2人份)

豆渣·····················100 g
黄瓜·············1根 (100 g)
彩椒 (红)···1/2个 (100 g)
A ⎡ 橄榄油·····1又1/2大勺
  ⎢ 白醋·············1/2大勺
  ⎢ 白砂糖·············1小勺
  ⎢ 黄芥末酱·······1/2小勺
  ⎣ 盐·················1/4小勺
生菜·····················适量

做法

1 彩椒、黄瓜切成小丁。

2 大碗中加入豆渣，放入Ⓐ搅拌均匀。再
加入**1**翻拌，并与撕碎的生菜一起装盘。

✓长寿效果
看这里!

豆渣

　　豆渣是大豆加工后留下的残渣，含有大量膳食纤维，加
入油脂会变得湿润，形似土豆沙拉。搭配黄瓜可增加LPS
的摄入，搭配彩椒提升抗氧化效果。

健康食材总动员，除了豆芽，加入其他蔬菜也美味

豆芽泡菜纳豆沙拉

材料 (2人份)

辣白菜 ······················80 g

纳豆 ··························· 1盒

豆芽 ························· 150 g

青花鱼罐头 (水浸)

························1罐 (180 g)

香葱 ··························· 2根

Ⓐ ┌ 芝麻油 ···············1大勺
   └ 盐 ··················1/4小勺

熟白芝麻 ··················· 少许

做法

1 豆芽码放在耐热容器中，松松地盖上一层保鲜膜，用微波炉加热2分钟，沥干放凉。

2 香葱切成4 cm长的段，青花鱼罐头沥去部分汤汁，将鱼肉稍稍捣碎。纳豆加入Ⓐ搅拌均匀。

3 盘中码入豆芽、香葱，摆上青花鱼、泡菜和纳豆，最后撒上白芝麻。

时间 10分钟

*不含豆芽放凉时间

热量	1 293 kJ
蛋白质	25.5 g
含糖量	4.7 g
盐分	2.3 g

✓长寿效果看这里！

 +

辣白菜+纳豆

　　泡菜和纳豆都是具有调理肠道功效的发酵食品。泡菜请选择充分发酵的产品。搭配富含DHA、EPA的青花鱼罐头，能提升沙拉的保健效果。最后撒入的芝麻还含有强力抗氧化物质芝麻素。

浅渍腌菜也能做沙拉! 料理新思路

米糠腌菜切拌沙拉

材料 (2人份)

米糠腌黄瓜……1根 (80 g)

米糠腌胡萝卜

……………1/4根 (30 g)

番茄…………1个 (150 g)

白煮蛋 ………………1个

培根…………3片 (60 g)

生菜…………4片 (100 g)

喜欢的沙拉汁 (参考

第26页) …………………适量

做法

1 米糠腌菜、番茄切小滚刀块。白煮蛋切成四等份。生菜切成适口大小的片状。培根切成2 cm长的条状。

2 平底锅中加入培根,开中火煎2分钟至微黄、香脆。

3 米糠腌菜、番茄、白煮蛋、生菜和**2**装盘,淋上沙拉汁。

时间
10分钟

热量	1 176 kJ
蛋白质	9.4 g
含糖量	8.2 g
盐分	3.4 g

✓长寿效果
看这里!

米糠腌菜

　米糠腌菜是一种发酵食品,能帮助调理肠道环境。切碎加入沙拉中,能带来不同寻常的美味。黄瓜含有LPS,胡萝卜还有抗氧化作用,只需淋上橄榄油与醋就能轻松享用了。

改善肠道环境的长寿沙拉

绵软豆类与芝士搭配的西式沙拉

混合豆类卡蒙贝尔芝士沙拉

时间
5分钟

热量	1 180 kJ
蛋白质	14.7 g
含糖量	9.2 g
盐分	1.6 g

材料 (2人份)

混合豆类罐头 (水浸)
…………… 1/2罐 (100 g)

卡蒙贝尔芝士
…………… 1块 (100 g)

芥菜…………………50 g

A ┌ 蒜泥…………1/2小勺
  │ 橄榄油…………1大勺
  │ 白醋……………2小勺
  └ 盐、胡椒粉 ……各少许

做法

1 芝士撕开成适口大小。芥菜切成2cm长的段。

2 大碗中加入 Ⓐ 混合均匀, 再加入混合豆类与**1**拌匀。

✓长寿效果
看这里!

卡蒙贝尔芝士

发酵食品芝士与富含膳食纤维的豆类组合, 可获得调理肠胃的双重功效。也可选择自己喜欢的叶菜搭配, 食谱推荐的芥菜具有辛辣味, 能很好地协调多种味道。

搭配脆韧的腌黄萝卜，风味独特

腌黄萝卜土豆沙拉

时间
15分钟

热量	1 055 kJ
蛋白质	4.3 g
含糖量	22.6 g
盐分	2.3 g

材料（2人份）

腌黄萝卜·····················50 g
土豆·················2个（200 g）
黄瓜·············1/2根（50 g）
洋葱·············1/6颗（30 g）
火腿·······················2片
┌ 白醋·················1小勺
Ⓐ 白砂糖···········1/2小勺
└ 盐·················1/4小勺
盐···························少许
蛋黄酱····················3大勺
红叶生菜····················适量

做法

1 土豆洗净无须擦干，直接包上保鲜膜，放入微波炉中加热5分钟。用纱布包着去皮后拿叉子捣碎，加入Ⓐ混合。

2 黄瓜切薄薄的小圆片。洋葱切粗粒。拌匀后撒入盐，变软后挤去部分汁水。腌黄萝卜切成半圆薄片，火腿切成适口的小片。

3 **1**放凉后，加入**2**混合，再加入蛋黄酱拌匀。最后与红叶生菜一起装盘。

✓长寿效果
看这里!

腌黄萝卜

　　腌黄萝卜请选择充分发酵的产品。土豆加热后，具有较强抗氧化作用的维生素C的保留率也比较高，有助于提升抗氧化效果。

富有冲击力的调味，吃到满满生菜

大豆章鱼饭风味沙拉

时间
15分钟

热量	1 557 kJ
蛋白质	20.8 g
含糖量	12.7 g
盐分	2.4 g

材料 (2人份)

大豆 (水煮)··············100 g

混合肉末·················100 g

小番茄·············8个 (200 g)

生菜········· 1/4棵 (100 g)

色拉油···················1大勺

Ⓐ ┌ 蒜泥···················1小勺
　 └ 咖喱粉···········1/2小勺

Ⓑ ┌ 伍斯特酱油 ······2大勺
　 └ 番茄酱···········1大勺

芝士 (比萨用)···········30 g

做法

1 小番茄切成四等份。生菜切成丝。

2 平底锅中加入色拉油，开中火烧热，加入肉末和大豆炒3分钟。加入 Ⓐ 翻炒，炒出大蒜香味后加入 Ⓑ，继续翻炒30秒。

3 盘中装入生菜、小番茄，加入 **2**。最后撒上芝士。

☑ 长寿效果
看这里！

大豆

　　将普通章鱼饭中一半的肉末替换成大豆，提高膳食纤维的摄入量，还能增强饱腹感。再加上芝士的发酵力量，进一步改善肠道环境。

苏子叶与生姜香味扑鼻的和风沙拉

大豆章鱼黄瓜沙拉

材料 (2人份)

大豆 (水煮)·············100 g
水煮章鱼·············100 g
黄瓜·············1根 (100 g)
苏子叶·················5片

A ⎡ 生姜泥·············1块份
 ⎢ 芝麻油·············1大勺
 ⎢ 白醋·················2小勺
 ⎣ 盐·················1/3小勺

做法

1 章鱼、黄瓜分别切成滚刀块。苏子叶撕碎。

2 大碗中加入 A 混合均匀，再加入 1 和大豆拌匀。

√ 长寿效果
看这里!

大豆

　　吃大豆摄入膳食纤维，吃章鱼补充优质蛋白质。再搭配富含LPS的黄瓜，可以促进肠道健康，提高免疫力。

用缤纷彩椒做成点亮餐桌的前菜风沙拉

大豆彩椒生火腿沙拉

时间
5分钟

热量	707 kJ
蛋白质	9.6 g
含糖量	3.7 g
盐分	1.2 g

材料 (2人份)

大豆 (水煮)·············100 g
彩椒 (红、黄)
·············各1/4个 (100 g)
生火腿·····················20 g
生菜·····················40 g

A
蒜泥·················少许
橄榄油·············1大勺
白醋·················2小勺
盐·················1/4小勺

做法

1 彩椒切成小粒。生菜撕成适口大小的片状。生火腿撕碎。

2 大碗中加入 Ⓐ 混合均匀，再加入**1**和大豆拌匀。

✓长寿效果
看这里!

大豆

　　除了膳食纤维，大豆富含的大豆寡糖还能作为益生菌的食物，发挥调节肠道环境的功效。彩椒则富含β-胡萝卜素，具有抗氧化作用。

加入大量生姜，提味增鲜

大豆西蓝花胡萝卜生姜沙拉

时间
10分钟

*不含蔬菜放凉时间

热量	670 kJ
蛋白质	8.8 g
含糖量	4.3 g
盐分	1.0 g

改善肠道环境的长寿沙拉

材料（2人份）

大豆（水煮）…………100 g
西蓝花………1/2颗（100 g）
胡萝卜………1/3根（50 g）
⎡ 生姜泥…………1块份
⎜ 橄榄油…………1大勺
Ⓐ 白醋……………1小勺
⎜ 白砂糖…………1小勺
⎣ 盐……………1/4小勺

做法

1 西蓝花分成小朵。胡萝卜切成小丁。全部码入耐热容器中，加入2大勺水（未计入分量内），松松地盖上一层保鲜膜，用微波炉加热2分钟后放凉。

2 大碗中加入Ⓐ混合均匀，再加入**1**和大豆拌匀。

✓长寿效果
看这里！

大豆

　　大豆搭配膳食纤维丰富的西蓝花与胡萝卜，非常推荐有便秘烦恼的人食用。足量的生姜能温暖身体，还有助于改善体寒。

101

弹牙麦粒嚼之令人愉悦
大麦考伯沙拉

时间
5分钟

＊不含大麦煮制时间

热量	1 448 kJ
蛋白质	5.6 g
含糖量	19.1 g
盐分	1.0 g

材料 (2人份)

大麦 (干)……………………25 g
牛油果……………………1个
黄瓜……………1根 (100 g)
番茄…………1个 (200 g)
红叶生菜………………25 g

A ┌ 颗粒黄芥末酱、橄榄油
  │   各1大勺
  │ 蜂蜜、白醋
  │   各1/2大勺
  └ 盐……………1/4小勺

做法

1 大麦按照包装上的烹饪说明煮熟, 充分沥干水分。

2 牛油果、黄瓜、番茄切滚刀块。红叶生菜撕成适口大小。

3 盘中码入**2**, 铺上**1**。最后淋上混合均匀的Ⓐ。

✓长寿效果
看这里!

大麦

　　大麦富含可溶性膳食纤维。通常的吃法是混入白米中煮成大麦饭。煮熟撒入沙拉中能为沙拉带来弹牙的口感, 让沙拉吃起来更美味。

清甜的葡萄干让美味加倍

大麦胡萝卜丝咖喱风味法式沙拉

时间
10分钟

*不含大麦煮制时间

热量	871 kJ
蛋白质	1.5 g
含糖量	28.2 g
盐分	1.3 g

材料 (2人份)

大麦 (干)·················10 g
胡萝卜·········1根 (150 g)
葡萄干·················30 g
盐·····················1/2小勺

A ⎡ 橄榄油·····1又1/2大勺
  ⎢ 蜂蜜·················1大勺
  ⎣ 咖喱粉·········1/4小勺

做法

1 大麦按照包装上的烹饪说明煮熟, 充分沥干水分。

2 大碗中加入 Ⓐ 混合均匀, 再加入 **1** 和葡萄干拌匀。

✓长寿效果
看这里!

大麦

　　大麦不仅含有膳食纤维, 还有不容易被身体消化吸收的抗性淀粉, 具有双重的调理肠道的功能。胡萝卜中的β-胡萝卜素所具有的抗氧化作用能有效提高免疫力。

自然的甘淡清甜让人愉悦

大麦甜薯沙拉

时间
15分钟

＊不含大麦煮制时间

热量	1 122 kJ
蛋白质	2.8 g
含糖量	39.2 g
盐分	1.3 g

材料 (2人份)

大麦 (干)·····················25 g
红薯·············1个 (200 g)
生菜·············2片 (50 g)
A ┌ 橄榄油·····1又1/2大勺
  │ 白醋·················1大勺
  │ 白砂糖·······各1/2小勺
  └ 胡椒粉·············少许

做法

1 大麦按照包装上的烹饪说明煮熟, 充分沥干水分。

2 红薯带皮切成小丁, 稍稍泡水。码入耐热容器中, 松松地盖上一层保鲜膜, 用微波炉加热4分钟。放凉后晾干水分, 用叉子捣成粗粒。

3 大碗中加入 A 混合均匀, 再加入 **2** 和 **1** 拌匀。最后与生菜一起装盘。

长寿效果
看这里!

大麦

大麦与红薯搭配, 满满一盘都是膳食纤维。红薯带皮烹调能充分保留LPS, 这是一道能带来极大满足感的沙拉。

	黄瓜	005、38、90、91、97、99、102
	混合豆类罐头（水浸）	96
	混合肉末	98
	火腿	72、97
J	鸡腿肉	60
	鸡胸肉	44、73
	鲣鱼（生鱼片用）	76
	酱油	25、30、34、36、38、41、44、56、66、72、76、80、82、87、88
	金枪鱼	34
	金枪鱼罐头（油浸）	69、86、90
	金针菇	006、24、26
	京水菜	23、40、50
	卷心菜	20、21、32、54
K	卡蒙贝尔芝士	96
	烤海苔	21、27、30、44、73、87、90
	烤牛肉	75
	口蘑	25
L	辣白菜	27、92
	辣椒	36
	蓝莓	74
	莲藕	30、47
	萝卜苗	56、71
	芦笋	60
M	马苏里拉芝士	66
	毛豆（冷冻、带豆荚）	49
	猕猴桃	77、78
	米糠腌胡萝卜	94
	米糠腌黄瓜	005、94
	蜜瓜	005
	木鱼花	66
N	纳豆	25、92
	南豆腐	42、49
	嫩叶菠菜	48
	柠檬	43
	牛蒡	82、89
	牛奶	27、51
	牛肉末	82

快读·慢活®

《长寿汤》

1道汤改善肠道环境，打造不易生病的健康体质！

　　日本医学博士、免疫学专家藤田纮一郎揭秘"求医不如求己"的秘密武器——长寿汤，教你在日常饮食中加入1道长寿汤，改善肠道环境，激活免疫细胞，打造不易生病的健康体质！

　　作者和日本料理研究家强强联合，精选了上百种有益肠道健康的食材，设计了70道简单、美味、易坚持的长寿汤，帮你改善高血糖、肥胖、易疲劳、脱发等症状。

　　现在开始，先用两周时间尝试本书中介绍的食谱，慢慢地你会发现每天端上餐桌的那碗汤，会成为改变日常饮食的关键，而你也一定能感受到身体细微而持续的改善。

快读·慢活®

从出生到少女，到女人，再到成为妈妈，养育下一代，女性在每一个重要时期都需要知识、勇气与独立思考的能力。

"快读·慢活®"致力于陪伴女性终身成长，帮助新一代中国女性成长为更好的自己。从生活到职场，从美容护肤、运动健康到育儿、家庭教育、婚姻等各个维度，为中国女性提供全方位的知识支持，让生活更有趣，让育儿更轻松，让家庭生活更美好。